UTB

UTB 2288

Eine Arbeitsgemeinschaft der Verlage

Beltz Verlag Weinheim und Basel
Böhlau Verlag Köln · Weimar · Wien
Wilhelm Fink Verlag München
A. Francke Verlag Tübingen und Basel
Paul Haupt Verlag Bern · Stuttgart · Wien
Verlag Leske + Budrich Opladen
Lucius & Lucius Verlagsgesellschaft Stuttgart
Mohr Siebeck Tübingen
C. F. Müller Heidelberg
Ernst Reinhardt Verlag München und Basel
Ferdinand Schöningh Verlag Paderborn · München · Wien · Zürich
Eugen Ulmer Verlag Stuttgart
Vandenhoeck & Ruprecht Göttingen
WUV Facultas · Wien

Nina Degele

Einführung in die Techniksoziologie

WILHELM FINK VERLAG MÜNCHEN

Die Deutsche Bibliothek – CIP-Einheitsaufnahme

Einführung in die Techniksoziologie / Nina Degele. – München: Fink, 2002
(UTB für Wissenschaft; 2288)
ISBN 3-8252-2288-8
ISBN 3-7705-3448-4

Ohmstraße 5, 80802 München
ISBN 3-7705-3448-4

Redaktion: Katrin Ritter
Lay-out: Christian Dries

Printed in Germany.
Einbandgestaltung: Atelier Reichert, Stuttgart
Herstellung: Ferdinand Schöningh, Paderborn

UTB-Bestellnummer: ISBN 3-8252-2288-8

Inhalt

1 Einleitung: Technik, Modernisierung und Gesellschaftstheorie

1.1 Die Soziologie und die Technik

Wenn sich SoziologInnen mit Technik beschäftigen, dann zumeist widerwillig. Immerhin hat die junge sozialwissenschaftliche Disziplin mehr als ein Jahrhundert dafür benötigt, ihren Gegenstand (Gesellschaft) und ihr Profil (einen sozialwissenschaftlichen Zugang in Abgrenzung von Geistes- und Naturwissenschaften) klar zu definieren. Ihr Anspruch war und ist, Soziales durch Soziales zu erklären (Durkheim) und nicht durch Psychisches, Biologisches oder Technisches. So begriff die Soziologie – wie die Philosophie schon lange vor ihr – Technik vor allem als Differenz: zu Natur, zu Kultur und schließlich zu Gesellschaft. Bis vor rund zwei Jahrzehnten konnten weder Atombombe, Mondflüge noch Künstliche-Intelligenz-Forschung die Soziologie aus ihrem geradezu technophoben Dornröschenschlaf reißen.

Inzwischen aber fühlen sich immer mehr SoziologInnen durch Tschernobyl, biologisch-chemische Kriegsführung, Rinderwahnsinn, drohende Klimakatastrophe, kriminelle Umtriebe auf dem Daten-Highway und realen Verkehrskollaps herausgefordert. Nicht mehr abstrakt: Wie determiniert Technik Gesellschaft? Welche Folgen haben technische Entwicklungen für die Gesellschaft? Sondern: Welche technischen Komponenten sind in Tätigkeiten wie Wäsche waschen, sich fortbewegen oder Theorien entwickeln eingeschrieben? Welche versteckten Nutzungsanweisungen geben IngenieurInnen, ManagerInnen und PolitikerInnen technischen Produkten wie Computerprogrammen, Waschmaschinen und Flugzeugen mit auf den Weg? Was machen „EndnutzerInnen“ mit Technik, warum und inwiefern weichen die tatsächlichen Verwendungsweisen von einem ursprünglichen Nutzungsszenario ab?

Weiter gefragt: Was „tut“ Technik eigentlich? Dazu eine Zeitungsmeldung. „Schwere Zeiten für Schulschwänzer in Singapur: Seit Dienstag werden die Eltern per SMS-Botschaft über die Abwesenheit ihrer Sprösslinge informiert. Früher sei es mühsam gewesen, die Eltern von notorischen Schulschwänzern ausfindig zu machen, sagte Schuldirektor Tan Teck Hock. Mit dem neuen System hätten die Eltern die SMS jedoch spätestens um 10 Uhr vormittags auf ihrem Handy. Die Abschreckungswirkung soll enorm sein." (zus, 6.4.2001) Mobiltelefone und dabei besonders die SMS-Technik tun etwas: Sie kontrollieren soziale und disziplinieren Beziehungen, sichern das Machtmonopol der Eltern, erlegen Kindern spezifische Verhaltensweisen auf und ermöglichen schließlich der Institution Schule, ihrem Erziehungsauftrag leichter nachzukommen. Zumindest ist dies eine mögliche Lesart zur „Handlungsfähigkeit" von Technik, die gegenwärtig zunehmend an Boden gewinnt.

Es sind bestimmte Sichtweisen und nicht „der Gegenstand" selbst, worüber SoziologInnen ihren Zugang zu Technik konstituieren. Wie sie das tun, welche theoretischen Ansätze sie dafür entwickelt und was sie dabei herausgefunden haben, ist Gegenstand dieses Buchs. Techniksoziologie – so die leitende Annahme – ist keine isolierte, aus sich heraus zu begründende Spezialisierung einer sich professionalisierenden Disziplin. Techniksoziologisches Denken kann einen guten Teil seiner Inspirationen aus klassischen sozialtheoretischen Überlegungen beziehen: Karl Marx, Émile Durkheim und Max Weber etwa haben Substanzielles zum Zusammenhang von Technik und Gesellschaft gesagt. Dennoch schreiben SoziologInnen ihre Geschichte noch immer als eine Geschichte der „Technikvergessenheit" (Rammert 2000: 14). Das ist schade, denn techniksoziologische Befunde (seien es historische Studien zur Technikentwicklung, organisationssoziologische Arbeiten zu riskanten Technologien oder auch alltagssoziologische Untersuchungen zur geschlechtsspezifischen Technikverwendung) bieten eine Fülle von Anstößen, *techniksoziologisches Denken in einen Zusammenhang mit Gesellschafts- und Sozialtheorie* zu bringen. Die Technik ins Herz der soziologischen Beschreibung und Erklärung von Gesellschaft zu holen, ist Anliegen des Buchs: Technik, so die These, ist ein gesellschaftliches Produkt, das Sozialität entscheidend mitprägt. Technik liefert einen Schlüssel zum

Verständnis von Prozessen der Modernisierung, des sozialen Wandels und der Gesellschaft.

Zur Frage, wie Technik denn nun am sinnvollsten zu erfassen sei, bieten sich idealtypisch zwei Zugänge an. Zum einen die Annahme einer normativen Kraft des Faktischen durch Technik (Technik tut etwas!), zum anderen die These, Technik sei nichts anderes als ein Mittel zur Verwirklichung sozialer Ziele. Zurück zum Beispiel SMS und Schuleschwänzen: In der ersten Sichtweise übt die SMS-Technik kraft ihrer Konstruktionsweise einen verhaltensdeterminierenden Zwang aus. In der zweiten Perspektive sind es die NutzerInnen, IngenieurInnen, Produktionsfirmen, gesetzlichen Regelungen, die in einem kontingenten Wechselspiel spezifische Verwendungsformen von Technik hervorbringen, die aber immer auch veränderbar sind.

Hinter solchen differierenden Zugängen steckt eine alte sozialwissenschaftliche Debatte: Inwieweit determiniert Technik Gesellschaft, und in welchem Ausmaß ist Technik gestaltbar? In den zwanziger und dreißiger Jahren dieses Jahrhunderts diskutierten Autoren wie Martin Heidegger, Edmund Husserl und Lewis Mumford dies noch weitgehend philosophisch und kulturtheoretisch. Über eine solche Selbstvergewisserung hinaus fand in den fünfziger und sechziger Jahren eine „handfestere" Auseinandersetzung statt, die sogenannte Technokratiedebatte. Dort stand die Befürchtung, die Gesellschaft drohe in technischen Sachzwängen aufzugehen, gegen die Auffassung eines inhärent politischen Charakters der Technik.

Es war die Studentenbewegung der ausgehenden sechziger Jahre, die den philosophischen und kulturkritischen Diskurs zur Gestaltbarkeit von Technik geradewegs in eine politische Debatte zu den gesellschaftlichen Folgen „der" Technik einmünden ließ. In den siebziger Jahren fanden in Wissenschaft und Öffentlichkeit lebhafte Diskussionen statt zu Auswirkungen technischer Entwicklungen auf die Sozialstruktur (z.B. Umschichtung des Bildungssystems, Auswirkungen der Rationalisierung auf den Arbeitsmarkt) wie auch auf das Sozialverhalten (Veränderung von Kontroll- und

Handlungsspielräumen, Perzeption von Risiken, technisch vermittelte Kommunikationsformen). Sie schlugen sich – mehr noch in den USA als in Deutschland – unter anderem in Bemühungen um eine sozialwissenschaftlich geleitete Technikfolgenabschätzung, Sozialverträglichkeits- und Akzeptanzforschung nieder. Recht schnell jedoch wurden in dieser soziologisch begleiteten Technikentwicklung und -forschung methodische Dilemmata offenkundig: Technikfolgenabschätzung setzte meist zu spät ein, im Verlauf der Untersuchung „entwischte" ihr ihr sachlicher Gegenstand, und darüber hinaus gelangte sie nur selten zu praxisrelevanten Aussagen. Diese Schwierigkeiten setzten ein Umdenken in Gang – von einer „harten" Technikfolgenabschätzung zu einer „weichen" Technikgeneseforschung oder Leitbildforschung. So spüren vor allem in Deutschland seit den späten achtziger Jahren sozialwissenschaftliche TechnikforscherInnen Leitbildern nach, die den spezifischen Architekturen von Reaktoren, Schreibmaschinen, Automobilen, Textverabeitungssystemen, Raketen oder Turbinen zugrunde liegen. Dabei angesammeltes empirisches Material in einen übergreifenden theoretischen Rahmen zu integrieren, ist dann Ziel einer Theorie technischer Entwicklungen.

Vor diesem Hintergrund haben sich – wie in der soziologischen Theoriediskussion allgemein – verschiedene Sichtweisen herausgebildet, die einen theoretisch begründeten Zugang und damit begriffliches Werkzeug zur Analyse von Technik bereitstellen. Feministische, konstruktivistische und postkonstruktivistische, system- und evolutionstheoretische, kulturtheoretische und realistische Ansätze sind Beispiele für Techniksoziologien der Gegenwart. Sie haben sich etwa in Auseinandersetzungen mit Arbeit und Geschlecht, Organisation und Kontrolle, Produktion und Kapitalismus herausgebildet. Diese theoretischen Positionen lassen sich über die von ihnen empirisch untersuchten Gegenstände miteinander ins Gespräch bringen. Beispiele dafür sind Haushaltsgeräte im Alltag, Künstliche-Intelligenz-Programme in der Wissenschaft, Allerweltstechniken wie Schlüsselanhänger und Sicherheitsgurte, Risikotechnologien wie Kernkraftwerke, großtechnische Systeme wie die Elektrizitätsversorgung und natürlich Computer.

1.2 Modernisierung und Technikvergessenheit der Soziologie

Die Gründergeneration der Soziologie, Émile Durkheim, Max Weber und Georg Simmel hat deren Profil geschärft. In der Folge ging das auf Kosten einer adäquaten Berücksichtigung von Technik, wenngleich die Klassiker sie nie aus ihrem gesellschaftstheoretischen Programm ausgeschlossen haben (vgl. Rammert 2000: 16-18). Bei Karl Marx etwa hat sich die „Maschinerie" als endogene gesellschaftliche Entwicklung zur Entfaltung der Produktivkräfte herausgebildet (Rosenberg 1982; MacKenzie 1996; vgl. 5.1). Émile Durkheim (1984) beschreibt Technik als soziale Tatsache und meint damit den überindividuellen, auf die Gesellschaftsmitglieder ausgeübten und normierenden Handlungsdruck (vgl. 7.3). Georg Simmel beklagt den Verlust individueller Kontrolle über entäußerte Kulturobjekte und Artefakte als „Tragödie der Kultur" (1987; vgl. 2.2), und Max Weber (1972) schließlich begreift Technik am weitesten: als Rationalitätsform, die Handlungstechniken einschließt, die auf eine bewusste Steigerung von Effekten zielen (vgl. 5.2). Auf den einen oder anderen Klassiker greifen implizit oder explizit alle modernen Techniksoziologien zurück. Und so mehren sich angesichts gegenwärtig zu beobachtender Umbrüche der Moderne – als Stichworte seien Industrialisierung der Wissenschaft und Verwissenschaftlichung der Technik oder auch Computerisierung und Globalisierung der Gesellschaft genannt – Anzeichen für eine Annäherung von Techniksoziologie und Gesellschaftstheorie.

Damit schließt sich der Kreis zur eingangs skizzierten „Technikvergessenheit" der Soziologie: Auf der einen Seite des Theoriespektrums sprechen (post)konstruktivistische Wissenschafts- und TechnikforscherInnen Hybriden, also Mischwesen aus menschlichen und technischen Bestandteilen, Handlungsfähigkeit zu. Damit stellen sie soziale, natürliche und technische Gegebenheiten auf eine ontologische Stufe – und fordern damit ein gleichermaßen „postsoziales" wie auch gesellschaftstheoretisches Programm. Auf der anderen Seite hat sich in der Tradition von Luhmann eine evolutionstheoretisch ansetzende Techniksoziologie konstituiert, die entlang der Unterscheidung von kommunikativ erreichbar vs. nicht erreichbar operiert: Nur was kommunikativ erreichbar ist, fällt in den Gegenstandsbereich der Soziologie – Technik gehört nicht dazu und ist damit ein „außersozialer“ Tatbestand. Gleichwohl nimmt die Systemtheorie Technik als Medium sozialer Differenzierung in den Blick und macht sie damit einer gesellschaftstheoretischen Thematisierung zugänglich. Schließlich zeigt eine Durchsicht gegenwärtig diskutierter Gesellschaftstheorien, dass diese in zunehmendem Maß Technik als gesellschaftskonstituierendes Moment berücksichtigen: Neben Konzepten der Informations-, Medien- und Kommunikationsgesellschaft, postindustrieller, virtueller oder computerisierter Gesellschaft sind es vor allem Überlegungen zur Wissensgesellschaft, in die techniksoziologisches Denken explizit eingeht. Indem solche Theorien das Verhältnis von menschlich und nicht-menschlich, von technisch und sozial neu überdenken, provozieren und inspirieren sie die Soziologie, Gesellschaft auch durch anderes als ausschließlich Soziales zu erklären. Was bedeutet das für die Technik und was für die Soziologie?

Die Soziologie als wissenschaftliche Disziplin ist als Antwort auf Verunsicherungen entstanden, die mit Industrialisierung, Rationalisierung und Säkularisierung, Demokratisierung und Emanzipation, Individualisierung der Person und Pluralisierung der Lebensstile, Massenkonsum, Urbanisierung und Steigerung der sozialen Mobilität einhergingen. Solche Phänomene kann man unter dem Begriff gesellschaftliche Modernisierung zusammenfassen. Sie brachen im Lauf des 19. Jahrhunderts mitunter erdrutschartig über die Menschen und ihr soziales Umfeld herein. Im soziologischen Sinn ist mit Modernisierung ein Komplex miteinander zusammenhängender struktureller, kultureller und individueller Veränderungen gemeint, der in der frühen Neuzeit einsetzte und sich seit dem 20. Jahrhundert beschleunigt. Als Typus sozialen Wandels bestimmt Modernisierung nach wie vor die Richtung gesellschaftlicher Entwicklungen und gilt – zumindest in westlichen Gesellschaften – als progressiver, systemischer, globaler und irreversibler Prozess (Berger 1996; Loo/Reijen 1997: 11-44; Zapf 1991). Mechanismen gesellschaftlicher Modernisierung sind Steigerung bzw. Beschleunigung, Differenzierung, Verselbständigung und Individualisierung. Dazu einige Bemerkungen.

- *Steigerung* – in zeitlicher Hinsicht kann man von Beschleunigung sprechen – meint zunächst einmal eine Wegentwicklung von einem Ausgangszustand. Das bezieht sich auf die Kontrastfolie der Tradition: verwandtschaftlich organisierte soziale Beziehungen, die zunehmend durch weniger enge berufliche Verhältnisse ersetzt werden, die steigende Produktivität im Wirtschaftsleben durch den Einsatz neuer Management- und Produktionskonzepte, die sinkende Halbwertszeit von Wissen oder aber die Ausweitung bürgerlicher Rechte auf Frauen. All dies sind Beispiele für Steigerungsmechanismen. Gemessen an Fortschritt und Effizienz meint Modernisierung dann die Steigerung der gesamtgesellschaftlichen Anpassungskapazität, der gesellschaftlichen Steuerungsfähigkeit sowie der Eigenständigkeit und Autonomie (Berger 1996).

- *Differenzierung* bezieht sich auf gesellschaftliche Teilsysteme wie Wirtschaft, Politik oder Wissenschaft, die mit der Orientierung an Geld, Macht oder Wahrheit je eigene Rationalitäten oder Logiken ausbilden. Durch den Mechanismus der Differenzierung bilden sich neue Strukturen und Funktionen heraus. Beispiele sind neue Studiengänge wie „Gender Studies", Berufe wie etwa „Content Manager", die Diversifizierung von Produkten (man denke nur an die Vielfalt von Waschmitteln) oder Lebensformen (Wohngemeinschaften, homosexuelle und „eheähnliche" Partnerschaften). Ein Beispiel für die historische Ausdifferenzierung von Funktionen ist die Entstehung von Fürsorgeeinrichtungen wie Kindergärten, Schulen, Krankenhäusern und Altenheimen, die durch Spezialisierung und Freisetzung familiärer Funktionen entstanden sind (Loo/Reijen 1997: 33f.). Differenzierung ist meist mit einer gesteigerten Leistungsfähigkeit verbunden. Folgen wie Arbeitslosigkeit durch Rationalisierung oder ökologische Probleme durch Wirtschaftswachstum und riskante Technologien sind die Kosten im Schlepptau.

- *Verselbständigung* ist eine häufige Folge von Differenzierung. Bilden sich einzelne Teilsysteme mit ihren je spezifischen Logiken aus, so haben sie keine Stoppregeln, die anzeigen: „Genug hier!“ D.h. das Wirtschaftssystem kann aus sich heraus nie genug Waren produzieren, das Wissenschaftssystem wird immer neue Wahrheiten generieren und die Politik ihren Machtbereich so weit wie möglich erweitern. Damit nicht genug, versuchen die Systeme, „ihre“ Logik auch auf andere Teilsystemen auszudehnen: Dann etwa werden wissenschaftliche Fragen politisiert (Gentechnologie), Liebe und Beziehungsformen verrechtlicht (Homo-Ehe) oder Erziehungsfragen vermarktlicht (private Kinderkrippen).
- *Individualisierung* als Folge einer Herauslösung der Menschen aus den Sozialstrukturen der Industriegesellschaft wie Klasse, Familie und Geschlechterrollen (Beck 1986: 119ff.) meint schließlich die Abwälzung gesellschaftlich organisierter Integrationserfordernisse auf Individuen. Dies geht zwangsläufig mit Überforderungen einher: Die Einzelnen müssen sich selbst darum kümmern, wie sie Öffnungszeiten von Ämtern und Arbeitszeiten koordinieren und wie sie Kindergärten ohne öffentliche Verkehrsmittel erreichen. Sie haben sich damit zu arrangieren, dass angesichts der allsommerlich hohen Ozonwerte der Aufenthalt im Freien zum Gesundheitsrisiko ersten Ranges wird, und müssen sehen, wie sie ihr Qualifikationsprofil den sich rasch wandelnden Anforderungen des Arbeitsmarktes anpassen. Die Gesellschaft wälzt Integrationsleistungen, die sie selbst nicht mehr erbringen kann oder will, auf Individuen ab. Individualisierung umreißt damit Modernisierungs- bzw. Differenzierungsfolgen, die die Einzelnen bewältigen müssen.

Wie das Stichwort „Industrialisierung“ schon signalisiert, spielt Technik für Prozesse der Modernisierung eine maßgebliche Rolle: Erstens fungiert das jährlich wachsende Bruttoinlandsprodukt als Symbol für das *Steigerungspotenzial* der Moderne. Zweitens *diffe-*

renzieren sich entlang technischer Innovationen wie der industriell organisierten Nutzung von Wasser, Kohle oder der Kernenergie ganze Produktionszweige aus. Drittens lenkt gerade die zivile Nutzung der Kernenergie den Blick auf *Verselbständigungstendenzen*, die alternative Energieformen verdrängen. Viertens schließlich sind mit den Folgen solcher Modernisierungsschübe die *Individuen* selbst konfrontiert: mit gesellschaftlich nicht bewältigten Risiken, „German Angst" oder auch nur der Tatsache, dass man in den ozonbelasteten Sommermonaten Anstrengungen im Freien vermeiden sollte.

Technik ist mit Modernisierung vielfach verwoben, Technik ist ein ständig im Hintergrund mitlaufender Taktgeber von Modernisierungsprozessen. Das macht etwa die These des *cultural lag* deutlich: Der amerikanische Soziologe William Ogburn stellte bereits in der ersten Hälfte des letzten Jahrhunderts die These auf, dass Einstellungen, Werte, Verhaltensweisen – also die Kultur – technischen Innovationen hinterherhinken (Ogburn 1969). Umgekehrt formuliert: Technischer Wandel geht dem sozialen voraus. Diese Annahme war eingängig und ist noch immer suggestiv: Vor hundert Jahren waren die Menschen beispielsweise damit überfordert, einen auf der Kinoleinwand auf sich zurasenden Zug von einem realen Objekt zu unterscheiden und liefen schreiend davon. Sie mussten sich erst an die neue Lichtspieltechnik und das dazu erforderliche Sehen gewöhnen. Ebenso hinken etwa rechtliche Regelungen der raschen Entwicklung des Internets hinterher, das sich in urheberrechtlicher Hinsicht geradezu als rechtsfreier Raum gebärdet. Und heute klagen Kulturkonservative über eine Verdummung der Jugend durch Fernsehen, Video und Computer so wie Sokrates einst vor einem Verlust des Gedächtnisses angesichts der entstehenden Schreib- und Lesetechnik warnte. Gibt es also einen *cultural lag*?

So attraktiv sich diese These der nachhinkenden Kultur präsentiert, hat sie doch einige deutliche Schwächen (Volti 1995: 254f.). Erstens gelten technische Innovationen als Datum, und unklar bleibt, warum und wie sie entstanden sind. So fallen beispielsweise Verbesserungen der öffentlichen Gesundheitsvorsorge nicht vom Himmel, sondern sind selbst Resultat sozialen, kulturellen und ökonomischen Wandels. Zweitens handelt es sich bei technischem und kulturellem Wandel um zwei völlig verschiedene Phänomene, die man nicht mit gleicher Elle messen kann: Die Zahl der verkauften Kontrazeptiva in einem bestimmten Zeitraum lässt sich zählen. Schwieriger aber wird es mit der Messung einer gewandelten Sexualmoral. Drittens ist der Punkt schwer zu bestimmen, ab dem eine Gesellschaft eine neue Technik „annimmt“: Wann kann man davon sprechen, dass sich eine neue Sexualmoral durchgesetzt hat? Es gibt also noch andere relevante Faktoren als Technik, die den Umfang und die Geschwindigkeit des kulturellen Nachziehens bestimmen. Das entscheidende vierte Defizit der *cultural lag*-These ist freilich ihr westliches Bias: Wie auch bei der Konvergenztheorie, die eine Uniformierung aller Gesellschaften hin zu einem einheitlichen Set sozialer Muster und individueller Verhaltensweisen postuliert (Ritzer 1996; Volti 1995: 255f.), wird der technische Wandel gesellschaftlich hoch bewertet, die Kultur gilt es daran anzupassen. Technik ist damit das dynamische und fortschrittliche Element der gesellschaftlichen Entwicklung, Technik ist das Modernisierungsmerkmal schlechthin.

Mit dem Rückzug solcher Entwürfe aus der Gesellschaftstheorie verlor auch die Technik einen großen Teil ihrer Bedeutung für die Soziologie. Darüber hinaus führte die einsetzende Professionalisierung und damit verbundene Binnendifferenzierung[1] zu einer Verdrängung zentraler Faktoren sozialen Wandels und gesellschaftlicher Modernisierung aus dem sozialwissenschaftlichen Forschungsprogramm. Mehr noch, die Auseinandersetzung mit Technik degenerierte zu einem abgekoppelten Spezialgebiet. Die Reflexion der Bedeutung und der Folgen der zunehmenden Technisierung gesellschaftlichen Lebens blieb fortan philosophischen

---

1 Man kann hier getrost von einer Modernisierung der Soziologie sprechen, denn sie „dupliziert“ gesellschaftliche Modernisierungsmechanismen.

und kulturkritischen Globaldeutern wie Ernst Cassirer, Julius Goldmann, Arnold Gehlen, Hans Freyer und Helmut Schelsky[2] vorbehalten. Beispielsweise artikuliert Arnold Gehlen (1986: 15f.) seine Bedenken gegen Wirkungen des technischen Fortschritts, der lediglich auf eine Steigerung des Machbaren zielt, sich dem Diktat der Formalisierung und Mathematisierung unterwirft und von jeglichem moralischen Maß entkoppelt ist – der Soziologe Max Weber diagnostiziert in seinen religionssoziologischen Schriften nichts anderes.

Für das in den letzten Jahren wieder erwachende Interesse an einer sozialwissenschaftlichen Technikforschung gibt es mehrere Gründe (Lutz 1987: 38-40; Rammert 2000: 15). Zunächst sind es *gesellschaftliche Verunsicherungen:* Schmelzendes Polareis, entschwindendes Ozon und Verkehrskollaps, terroristische Kriegsführung und nukleare Entsorgungsprobleme, Tschernobyl und Bhopal, BSE und AIDS wie auch der nicht bewältigte gesellschaftliche Umgang mit global vernetzten Informations- und Kommunikationstechnologien sind Bedrohungen und Herausforderungen, vor denen isolierte technische Lösungsversuche hoffnungslos kapitulieren müssen. Auch dies ähnelt den Bedingungen, die herrschten, als sich die Soziologie Anfang des 20. Jahrhunderts als Disziplin zu etablieren begann: Wer, wenn nicht die Soziologie, verschreibt sich der wissenschaftlichen Analyse und Erklärung von Verunsicherungsphänomenen? Eine mal mehr, mal weniger artikulierte Technikskepsis lässt einen Bedarf an sozialwissenschaftlicher Orientierung entstehen: Die Wissenschaften sollen *aufklärende Analysen* und möglichst weit vorausschauende Einschätzungen der Folgen vorlegen. Auch erscheint das *Tempo des technischen Wandels* – man denke nur an die rasch aufeinander folgenden Generationen neuer Rechner- und Halbleitertechnologien – als immer weniger rein technisch. Wenn der klassische Beruf des Schriftset-

---

2 Dies ändert sich erst in jüngster Zeit langsam, Technik und Sozialtheorie suchen einander wieder (vgl. Rammert 1998b; Schulz-Schaeffer 2000; Joerges 2001).

zens der Computerisierung zum Opfer fällt und Beratungsfirmen jeglicher Couleur überall aus dem Boden schießen, wird der Umbau von einer produktions- zu einer dienstleistungs- und wissensbasierten Gesellschaft durchgreifend spürbar.

Die sozialwissenschaftliche Technikforschung reagierte auf solche Konstellationen mit der Bildung vernetzter Institutionen (Rammert 2000: 16). So etablierten sich in den USA unter dem Begriff „Science, Technology, and Society" (STS) seit den siebziger Jahren interdisziplinäre Forschungsprojekte, die den Dialog mit TechnikentwicklerInnen, EntscheidungsträgerInnen aus Wirtschaft und Politik, (alltäglichen) NutzerInnen sowie geistes-, ingenieur- und naturwissenschaftlichen ForscherInnen suchen und anstoßen. Auf dem Programm stehen dabei Untersuchungen zu Genese, Gestaltung, Steuerung und Folgen von Technik wie auch Fragen der (sozial)wissenschaftlichen Beteiligung technischer Entwicklungen. Sozialwissenschaftliche Expertise ist also durchaus wieder gefragt. Nicht nur, wenn es um die Einführung und Abschätzung von Folgen von Technik geht (vgl. 3.1), sondern beispielsweise auch bei Fragen nach dem Umbau der Arbeits- zu einer Wissensgesellschaft (Willke 1998) oder der Bedeutung des Internets für gesellschaftliche Modernisierung (Slevin 2000). Was SoziologInnen hier anbieten können, ist nicht spezialisierter technischer Sachverstand, sondern – und das ist entscheidend – die Einbettung solchen spezialisierten Fachwissens in gesamtgesellschaftliche Deutungen.

Sollte die Soziologie wieder als Querdenkerin gefragt sein? Zunächst einige Bemerkungen zur begrifflichen Annäherung: Was ist mit dem Terminus „Technik" eigentlich gemeint? Einer gängigen soziologischen Definition zufolge sind unter Technik „alle künstlich hervorgebrachten Verfahren und Gebilde zu verstehen, die in soziale Handlungszusammenhänge zur Steigerung ausgewählter Wirkungen eingebaut werden" (Rammert 1988: 725; zur Begriffsgeschichte vgl. Rammert 2000: 42-48). Ein wenig differenzierter bestimmt Rudi Volti (1995: 6) Technik als „a system based on the application of knowledge, manifested in physical objects and organizational forms, for the attainment of specific goals." Ein soziologischer Technikbegriff operiert damit dreistrahlig, indem er erstens den Aspekt der Materialität, zweitens der Handlung und drittens des Wissens berücksichtigt[3].

- Technik ist ein *Artefakt*: ein Nagel, Fahrrad oder Atomkraftwerk. Das Artefaktverständnis ist das klassisch ingenieurwissenschaftliche, mit dem man Maschinen, Lärm und Gestank assoziiert: Hier passiert etwas Sichtbares. Alle der im Folgenden behandelten Theorien rekurrieren auf dieses Verständnis der Materialität von Technik, freilich mit unterschiedlicher Gewichtung. Während für die realistische Techniksoziologie (7.3) wie auch die Aktor-Netztwerk-Theorie (ANT, vgl. 8.2) die prominente soziologische Aufgabe darin besteht, die Welt der Dinge in die Soziologie zurückzuholen, interessiert sich die konstruktivistische (6.3), feministische (6.4) und kulturtheoretische Techniksoziologie (7.2) sehr viel mehr für den Sinn, den Menschen und soziale Gruppen eben diesen Dingen beimessen.
- Technik manifestiert sich auch in Formen des *Handelns*, so wie man etwa von Tanz-, Verführungs- oder Moderationstechniken

---

3 Der Stand der deutschsprachigen techniksoziologischen Theoriediskussion hat diesem Verständnis seit den achtziger Jahren nichts Entscheidendes hinzugefügt. 1982 legte Rodrigo Jokisch mit der Herausgabe des ersten Readers den Grundstein für die Institutionalisierung der neuen Bindestrich-Soziologie. Mit den 1988 von Bernward Joerges, 1989 von Peter Weingart und im gleichen Jahr von Arno Bammé u.a. zusammengestellten Bänden kam es schließlich zu ihrer Etablierung. Diese neue deutsche Techniksoziologie rekrutiert sich vor allem aus IndustriesoziologInnen und WissenschaftsforscherInnen. In den frühen Jahren ihrer Genese rang sie vor allem um ihren Gegenstand – was sich in zäher Begriffsarbeit, aber keinem einheitlichen Technikbegriff niederschlug. Nach einer Phase vorwiegend empirischer Forschung widmet sich die Techniksoziologie erst seit den mittleren neunziger Jahren wieder intensiv der Theoriediskussion. Vgl. dazu Joerges 1988; Jokisch 1982; Weingart 1989; als weiteren Überblick auch Heintz 1993: 237ff.; Schäfers 1993 sowie Halfmann u.a. 1995.

spricht. Das ist die alltägliche „Praxis des Machens“: Auch Kochen, sei es mit dem Löffel oder der Mikrowelle, ist eine technische Handlung. Dieser Technikbegriff ist der soziologisch weiteste. Er knüpft an Max Webers Idealtypus des zweckrationalen Handelns an. Bei Weber umfasst der Begriff der „rationalen Technik“ jede „Verwendung von Mitteln, welche bewußt und planvoll orientiert ist an Erfahrungen und Nachdenken, im Höchstfall der Rationalität: an wissenschaftlichem Denken“ (Weber 1972: 32). Techniksoziologisch interessiert dabei vor allem der mediale Aspekt der Technik: Wie greift sie in soziale Handlungszusammenhänge ein, verändert diese oder wird dabei unsichtbar (9.2)? Auch hier sind es wieder feministische, kultursoziologische und konstruktivistische Ansätze, die die Gemachtheit von Dingen im Kontext von Verfahren und Handlungsweisen und nicht die Sachen selbst ins Zentrum ihrer Betrachtung stellen.

- Drittens ist mit Technik immer auch eine bestimmte Form von *Wissen* gemeint. Dies umfasst vor allem das ingenieur- und naturwissenschaftliche Wissen, im weitesten Sinn aber auch das Know-how, das hinter der Entwicklung oder Nutzung von jeglichen Artefakten oder Handlungsweisen steckt. Das ist auch die ursprüngliche Bedeutung von „Technologie“, nämlich die Lehre und das systematisierte Wissen von Technik4. Technisches Wissen kann kodifiziert sein, mindestens ebenso wichtig ist jedoch das implizite Wissen oder *tacit knowledge*, das in die kompetente Entwicklung und Nutzung von Artefakten und Verfahren eingeht.

---

4 Angesichts der fortschreitenden Verwissenschaftlichung von Technik und Technisierung der Wissenschaft (Weingart 2001) ist die Unterscheidung von Technik und Technologie weitgehend belanglos geworden. Darüber hinaus wird im englischsprachigen Raum *technology* im Sinne von Technik zur Beschreibung von Artefakten und Handlungen, aber auch im Sinne von Technologie verwendet (Bijker 1995). Deshalb unterscheide ich im Weiteren nur in Ausnahmefällen zwischen Technik und Technologie.

1.3 Zum Aufbau des Buchs

Nach diesen vorbereitenden Überlegungen zu einem soziologischen Technikbegriff, den theoretischen und empirischen Bezügen von Technik sowie ihrer Bedeutung für Theorien der Gesellschaft wird es im ersten Teil des Buches um die sozialen, sachlichen und zeitlichen Dimensionen von Technik im Kontext von Sachzwang vs. Optionen, Technikfolgenabschätzung vs. Technikgeneseforschung und um Bausteine einer Theorie der technischen Entwicklung gehen. Damit ziehe ich einen breiten systematischen Rahmen, um die Pole techniksoziologischer Diskussion besser verorten zu können.

Der zweite Teil konkretisiert die Bedeutung von Arbeit, Produktion und Kapitalismus für die Herausbildung derzeit populärer techniksoziologischer Theorien. Dabei handelt es sich um feministische, konstruktivistische, realistische und kulturtheoretische Auffassungen von Technik. Hier kommt es vor allem darauf an, die Tragfähigkeit der Theorien für die Analyse empirischer Phänomene zu überprüfen.

Nach diesem Gang durch techniksoziologische Theorien der Gegenwart öffnet der abschließende dritte Teil den Blick für Entwürfe techniksoziologischer Gesellschaftstheorien. Zu diesem Zweck kontrastiere ich systemtheoretische und (post)konstruktivistische Beiträge. In meinen Überlegungen zu Wissensgesellschaften als einem neuen Typ von Gesellschaft will ich schließlich andeuten, wie eine Verbindung dieser beiden Stränge aussehen könnte.

Teil 1
Eine soziologische Annäherung an Technik: Sachzwänge und Optionen

2 Von technischen Sachzwängen zur politischen Gestaltbarkeit von Technik

Verfügt Technik über eine subversive, eine gestaltende Kraft? Wenn ja, ist es eine Kraft, die Macht über ihre Schöpfer gewinnt, die sich als Selbstläufer entpuppt? Ist Technik ein Übel, das Pandoras Büchse entweicht und nicht wieder einzufangen ist? Betrachtet man das Beispiel Energieversorgung auf der Grundlage der Spaltung von Atomkernen (Radkau 1983), könnte sich diese Vermutung aufdrängen: Auch wenn sich ein Land dazu entscheidet, aus diesem „Energiepfad" auszuscheren (in Deutschland fiel die Entscheidung dazu im Jahr 2000), ist dies keine Sache einer Legislaturperiode. Im Gegenteil werden noch Generationen mit Bedrohungen leben müssen, die sie nicht verursacht haben: Wiederaufbereitung, Endlagerung, Sabotage und terroristische Anschläge sind Risiken, die mit dieser Form der Energieversorgung zwangsläufig einhergehen. Atomkraftwerke und Windräder bzw. Sonnenkollektoren sind vor diesem Hintergrund Technologien, die höchst unterschiedliche soziale und politische Folgekosten nach sich ziehen. Darüber dachte anfangs kaum jemand nach. Dass es verschiedene nationale „Energiepfade" gibt, also Entscheidungen für und gegen die Nutzung der Kernenergie (Conrad 1994), oder dass gleiche Fabriken mit gleichen Techniken in unterschiedlich industrialisierten Regionen überhaupt nicht vergleichbar sind (Lutz 1992: 16), das sind Beobachtungen, die erst in den späten siebziger und frühen achtziger Jahren einen allmählichen Wandel in den theoretischen Konzeptionen technisch-sozialen Wandels nach sich zogen – Technik gilt seither als „sozialer Prozess" (Weingart 1989).

Diesen Übergang von technikzentrierten zu „soziallastigen" Erklärungsansätzen der Entwicklung und Verwendung von Technik will ich für die folgende Darstellung verwenden: Weder die eine noch die andere Verabsolutierung fand empirische Bestätigung. Beide sind aber als analytisches Raster nützlich, um die historische Entwicklung der sozialwissenschaftlichen Technikforschung sichtbar zu machen. Dazu stelle ich klassische Positionen vor, die Eigendynamik, Gestaltungskraft und Sachzwänge von Technik betonen (2.2). Sodann wird es um einen sozialdeterministischen Gegenpol der Technikforschung gehen, der Technik als Mittel der politischen Gestaltung von Gesellschaft begreift (2.3). Zunächst aber einige einleitende Bemerkungen zur vermeintlich subversiven Kraft der Technik (2.1).

2.1 Eine subversive Kraft der Technik?

Aus der Mode gekommen sind technokratische Schreckgespenster wahrlich nicht: Angesichts drohender ökologischer Katastrophen und massenmedial induzierter Verdummung beschwören auch hochmoderne Denker wie Ulrich Beck (1986; 1993) die Figur einer ausgreifenden Herrschaft der Technik wieder herauf, wenn sie die Politik als Exekution technischer Rationalität brandmarken. Technikdeterministische Sichtweisen postulieren eine kausale Verknüpfung technischer Innovationen mit sozialen Anpassungen und Wandlungen. Beispiele dafür gibt es zahlreiche: Heinrich Popitz (1995) etwa geht davon aus, dass die Materialität von Artefakten (Steinwerkzeuge, Metallgeräte, Agrikultur und andere technische Revolutionen) die Entwicklungsmöglichkeiten von Epochen und Gesellschaftsformen bestimmt (ähnlich Gehlen 1986: 211-222). Lynn White (1962) führt die militärische Überlegenheit der christlichen über die muslimische Reiterei, die Herausbildung und den Machtzuwachs der Ritterschaft im frühen Mittelalter, das auf dieser Grundlage entstehende Vasallentum und auch die feudale Gesellschaftsordnung überhaupt letztlich auf die Erfindung des Steigbügels in Verbindung mit Lanze und Rüstung zurück (kritisch dazu: Carlisle/Manning 1999: 99). Daniel Bell (1975) sieht in der Entstehung „intelligenter" elektronischer Technologien die materiale Grundlage heraufziehender postindustrieller Gesellschaften. Marshall McLuhan (1968) meint, dass Kommunikationsmedien wie Straßen, Schrift und Buchdruck Größe und Dichte beherrschbarer Territorien und Populationen festlegen und unterschiedliche Weisen der Wahrnehmung und des gesellschaftlichen Verkehrs mit sich bringen. Und Nicholas Negroponte (1995) ist fest davon überzeugt, dass das Internet zum Demokratisierungswerkzeug schlechthin wird (Negroponte 1995)[1]!

Gemeinsam ist den aufgelisteten Beispielen, dass sie Technik als Umwelt der Gesellschaft, als außersozialen Tatbestand begreifen. Dahinter stecken drei Annahmen, die ich als technikdeterministische Kern charakterisiere[2]:

- Erstens geschieht *technischer Wandel unverursacht*, d.h. er entspringt inhärent der Weiterentwicklung von Technik. Dieser Annahme zufolge hat Technik eine Eigendynamik, die sich nicht auf andere Logiken wie die der Wissenschaft, des Militärs oder auch der Politik zurückführen lässt, es handelt sich um eine *autonomous technology* (Winner 1977)[3]. Modernisierungstheoretisch lässt sich daran das Merkmal der Steigerung knüpfen.
- Zweitens sind technische Entwicklungen *vom menschlichen Willen unabhängig*, sie geraten außer Kontrolle. Ein einmal

---

1 Für weitere Beispiele siehe Rammert 2000: 48f.; Volti 1995: 16-20.

2 Vgl. Bimber 1994; Gilfillan 1952: 195; MacKenzie 1996; Marx/Smith 1994; Saretzki 1994; Sohn 1994.

3 Letzte Gründe einer solchen Autonomiethese sind häufig anthropologische Annahmen und/oder die Auffassung von Technik als angewandter Wissenschaft. Als anthropologische Konstante gehen Autoren wie Arnold Gehlen (1961) oder auch Jürgen Habermas (1968) von einer Zweckorientierung von Technik aus, welche das „Mängelwesen“ Mensch (Gehlen) zum Werkzeuggebrauch und damit zu technischen Entwicklungen treibt. In dieser Logik führt ein direkter Weg vom Faustkeil über den Hammer zur Werkzeugmaschine. Der Annahme von Technik als angewandter Wissenschaft zufolge manifestiert sich im technischen Fortschritt lediglich die sich ohnehin vollziehende wissenschaftliche Entwicklung zum Schnelleren, Besseren, Effizienteren.

Disposition von Interviews / explorative Studie im Rahmen PROTINNO

→ Interviews aus versch. Perspektiven

→ Panorama an Haltungen / Einsichten soll methodisch schwer zugängliches Feld erschließen

theoretische Vorüberlegungen

ANT
Konstruktivismus
Dispositiv

→

Aus Teil. 2 des Papers über relevante Elemente herleiten, die technische Grundlage bilden, auf Transformation einwirken → Comp.[/]Digitalisierung / Speicher / Interfaces / Protokolle / Schnittstellen / Internet / Breitband / Data Mining Tools / Datenbanken als Aufschreibesysteme

→ Interviews dienen als Ausgangspunkt zur Analyse des sozio-technol. Netzwerks das entsteht

McLuhan
Postman
Anders
(Benjamin) als T.
b als Bsp f. Technik-
deterministisch

Flusser, Kittler, Ernst

Intro
- Kritik an Daten Dataveillance und
Polizei hat oft technik-deterministische
Züge => reduktionistisch → Technik als
ANT/Dispositiv
→ Aufgabe will Dispo der polizeilichen
Nutzung von digitalen Daten in den
Ermittlungsprozess rekonstruieren,
→ theor. Grundlage Konstruktivismus/
ANT/Dispositiv → Methode →

beschrittener Weg ist nicht mehr rückgängig zu machen, was etwa die kaum zu durchbrechende Logik von Rüstungsspiralen erklären würde[4]. Hier findet sich das Modernisierungsmoment der Verselbständigung in einer techniksoziologischen Sichtweise wieder.

- Drittens schließlich *verursacht bzw. determiniert technischer den sozialen Wandel.* Technik ist mit anderen Worten eine unabhängige Variable sozialen Wandels, welche Anpassungsleistungen des sozialen Systems an die Eigenlogik der Technik erfordert und erzwingt. Unschwer lässt sich hier Ogburns Modell des *cultural lag* ausmachen (siehe 1.2).

Nach einem solchen Muster sind Sichtweisen gestrickt, die Technik als Motor des Fortschritts oder des Untergangs, in jedem Fall aber eines das Soziale steuernden Sachzwangs ansehen. Eine ähnlich gestaltende Kraft, wenngleich mit anderen Folgen, wird einem *technological fix* unterstellt. Diesem Mythos zufolge entfaltet Technik eine subversive Kraft, ohne die sozialen Kontexte zu verändern (Volti 1995: 16-20), Technik löst vielmehr soziale Probleme. In dieser Sichtweise bewältigen Verkehrsleitsysteme das steigende PKW-Aufkommen in den Städten (und der Autoverkehr wird nicht reduziert), Nahrungsmittelimporte bewahren die Ärmsten vor dem Verhungern (und die Ursachen der Armut werden nicht bekämpft), Rinder werden gekeult (und nicht die industrielle Massentierhaltung verabschiedet). Denkt man bei der Bewältigung sozialer Probleme zuerst an technische statt an andere Lösungen, spricht man von einem *technological fix*: nichttechnische Probleme sollen technisch gelöst werden. Wenn schließlich die jüngste Erhebung der Vereinten Nationen bis zum Jahr 2050 ein Weltbe-

---

4 Als interessantes Gegenargument dazu siehe die Studie von Perrin (1979), der die japanische „Abrüstung“ vom Gewehr zum Schwert zwischen dem 16. und dem frühen 17. Jahrhundert mit kulturellen und politischen Faktoren erklärt: Das Gewehr hätte den Helden-, Tapferkeits- und Geschicklichkeitsethos der einflussreichen Kriegerklasse unterminiert und sei deshalb „abgeschafft“ worden.

völkerung von 9,3 Milliarden Menschen prognostiziert, also ein Wachstum um 3,2 Milliarden Menschen in 50 Jahren, und dann die Deutsche Stiftung für Weltbevölkerung (DSW) in Hannover zur Reduzierung der Weltbevölkerung Verhütungsprogramme oder auch Sterilisierungen zur Verringerung der Geburtenzahlen als Teil ihrer „Sechs-Milliarden-Kampagne“ fordert (zus, 1.3.2001), ist das nichts anderes als eine technokratische Maßnahme, die sich nicht gegen Armut, sondern gegen die Armen richtet – hier vor allem gegen Frauen.

Aus der Perspektive der Theorie reflexiver Modernisierung (Beck 1986; Beck/Giddens/Lash 1996; vgl. auch 10.3) sind technikdeterministische Sichtweisen Produkte modernen Denkens und Handelns. Ziel der Kritik ist die unhinterfragte Akzeptanz der einer modernen Steigerungs- und Differenzierungsdynamik: Wenn technische Entwicklungen nichtintendierte Folgen verursachen – so die These – können diese nicht mit „demselben“, nicht mit einem „weiter so“ eingeholt werden. Mehr Technik in Kernkraftwerken produziert nicht mehr Sicherheit (eher im Gegenteil). Denn die Fehleranfälligkeit solcher großtechnischer Systeme liegt in der Struktur der Technik selbst (Perrow 1989) und kann deshalb nicht mit mehr Technik behoben werden sondern nur mit einer grundsätzlichen Umkehr.

So kam vor drei Jahrzehnten eine Studie mit dem bezeichnenden Titel „Technological Shortcuts to Social Change“ (Etzioni/Remp 1972) bei der Untersuchung einer Reihe von Technologien zur Lösung sozialer Probleme auch zu folgenden Ergebnissen: Erstens sind die tatsächlichen Wirkungsmechanismen einer Technik meist recht unklar. Das wird besonders offenkundig, wenn Techniken in Verbindung mit anderen Innovationen genutzt werden, etwa bei der Kopplung von Methadonprogrammen mit individueller Beratung. Zweitens zeitigen technische Patentlösungen auch unvorhergesehene Nebenwirkungen wie das wachsende Ozonloch durch FCKW-Verwendung, und drittens kurieren sie bestenfalls oberflächliche Symptome, aber nicht die tieferliegenden Ursachen (wie es Drogenprobleme deutlich machen, die nicht mit der legalen Verabreichung von Ersatzstoffen gelöst werden können).

Was alle solche Bemühungen zu wenig berücksichtigen, ist die grundlegende Differenz sozialer und technischer Probleme (Volti 1995: 25f.). Technische Probleme sind erstens spezifischer: Eine Glühbirne soll bessere Sichtverhältnisse schaffen, das Ziel ist klar. Aber mit welchen Mitteln lässt sich die Senkung der Kriminalität erreichen? Zweitens sind soziale Probleme mit menschlichen Motiven und Verhaltensweisen verbunden, die sich nicht unmittelbar manipulieren lassen. FixerInnen lassen nicht so einfach die Finger von den Drogen wie ein Zimmer durch die Glühbirne hell wird. Drittens funktionieren technische Lösungen am besten in geschlossenen Systemen, wenn also andere Einflüsse ausgeschaltet sind: Schalter an, Birne leuchtet. Solche eindeutigen und isolierbaren Ursache-Wirkungsketten gibt es in sozialen Zusammenhängen fast nie. Viertens schließlich sind soziale Probleme im strengen Sinn nie „gelöst", sondern generieren meist daran anknüpfende Probleme (wie etwa ausbleibende öffentliche Akzeptanz von Fixerstuben oder den Bankrott von Bauern durch Massenkeulungen).

Ein Beispiel für Schwierigkeiten, die sich an die Einführung technischer Innovationen knüpfen – und auch für die vermeintlich subversive Kraft der Technik, liefert die Erfahrungen der Yir Yoront, einer Gruppe australischer Aborigines (Sharp 1967; Volti 1995: 17f.). Die größte technische Leistung dieser Gruppe von Menschen war die Erfindung der Steinaxt. Ihre Herstellung war aufwendig und der „Vertrieb" geschah über ein elaboriertes Handelsnetzwerk verschiedener Stämme, das nur erwachsene Männer einbezog. Der Besitz der Steinaxt war ein männliches Privileg, das Gerät zeigte den Status des Benutzers an, der es auch für religiöse Zwecke verwendete. Als im frühen 20. Jahrhundert Missionare die *Stahl*axt als Geschenke an Männer, Frauen, Jugendliche und sogar Kinder verteilten, verloren die erwachsenen Männer einen zentralen Indikator ihrer sozialen Position. Gleichzeitig wurden die Handelsnetze zwischen den Männer der verschiedenen Stämme unterlaufen. Stattdessen entstanden Handelsbeziehungen, bei denen

Männer ihre Frauen, um an Stahläxten zu gelangen, auch zur Prostitution zwangen. Die traditionelle Ordnung war zerbrochen. Die Stahlaxt symbolisierte für die Yir Yoront eine neue soziale Ordnung, die sie nicht verstanden. Konsequenz war eine eine verunsicherte und apathische Bevölkerung. Natürlich war es im strengen Sinn nicht die Stahlaxt, welche die Konfusion verursachte. Stahläxte waren Teil einer Welt außerhalb, die die traditionelle Lebenswelt buchstäblich kolonialisierte (vgl. Habermas 1981/II: 470-488). Die Steinaxt war ein Teil des einheimischen technischen Systems, während die Stahlaxt nicht nur eine neue Technologie, sondern auch neue soziale Beziehungsmuster repräsentierte.

Spricht man Technik eine verursachende und determinierende Kraft in Modernisierungsprozessen zu, so ist interessant, in welchem Maß sich technische und soziale Probleme dem Diktat von Modernisierungsanforderungen fügen: Technische Probleme sind isolierbar, leichter messbar und damit Rationalisierungsbemühungen zugänglich. Dies schlägt sich etwa in der Popularität des wissenschaftlichen Managements eines Frederick Taylor (1977, vgl. 5.2) nieder: Verwaltung und Technik sollen Politik und soziale Aushandlungen ersetzen – einem von Max Weber beklagten Effekt von Rationalisierungsprozessen. Was dies mit Technikdeterminismus zu tun hat, werde ich im folgenden Abschnitt behandeln.

2.2 Technikdeterminismus und Technokratiekritik

„Technik als Sachzwang" (Schelsky 1965), „die Seele im technischen Zeitalter" (Gehlen 1986), „das Dominantwerden technischer Kategorien" (Freyer 1960), die „technische Gesellschaft" (Ellul 1964) – die Vertreter der Technokratie- und Sachzwangthese der sechziger Jahre stehen modellhaft für eine technikdeterministische Sichtweise: Treibt sich die ungezügelte Modernisierung im Kleid der Industrialisierung selbst in den Abgrund und bleibt von politischer Gestaltbarkeit nichts mehr übrig? Geht Demokratie in Technokratie auf? Das war die alte Frage. „Does technology drive history?" (Marx/Smith 1994) lautet eine modernere Formulierung, setzt die in den sechziger und siebziger Jahren heftig geführten

Debatten um Sachzwänge vs. Optionen, um die Befürchtungen einer total technisierten Gesellschaft aber konsequent fort: „Dreißig Jahre später debattiert man nicht mehr über Technokratie, man führt einen Technikdiskurs." (Saretzki 1994: 353)

Jacques Ellul (1964: 79ff.) betont das Autonomwerden von Technik und die Eigenlogik der technischen Entwicklung mit Charakteristika, die er einem aktuellen Lehrbuch zu gesellschaftlicher ung entnommen haben könnte: Mit den Merkmalen der Steigerung und Differenzierung ist die der Technik innewohnende Tendenz zur Selbststeigerung kompatibel, die zu einer weitreichenden Innovationstätigkeit in benachbarten Gebieten anregt. Der „Monismus" der modernen Technik (sie formt hinsichtlich ihrer Rationalitätsform der Effizienzsteigerung ein einheitliches Ganzes aus, und die Rationalisierung eines Gebiets hat notwendig die Rationalisierung anderer Gebiete zur Folge[5]), ihr Universalismus (die technische Rationalität macht vor anderen Lebensbereichen und Kulturen nicht Halt und überformt sie mit ihren eigenen Imperativen) und die Notwendigkeit der Kombination verschiedener Techniken unterstreichen den Aspekt der Verselbständigung: Technik greift auf andere Bereiche über und versucht, diesen den eigenen "Rationalitätsstempel" aufzudrücken. Ellul formuliert damit die zum Standardvokabular von Technikdeterministen gehörende These des Sachzwangs: „External necessities no longer determine technique. Technique's own internal necessities are determinative. Technique has become a reality in itself, self sufficient, with its special laws and its own determinations." (Ellul 1964: 134)

---

5 Ellul (1964: 111ff.) erläutert dies mit dem Beispiel der verbesserten Spinntechnik am Ende des 18. Jahrhunderts, die einen erhöhten Garnbedarf nach sich zog und wiederum in eine Mechanisierung der Webstühle mündete. Eine ähnliche positive Rückkopplung ist bei der Verbesserung der Computerperformanz zu beobachten: Leistungsfähigere Mikroprozessoren ermöglichten die Entwicklung standardisierter Grafiksoftware, und diese stellte wiederum höhere Ansprüche an Standardrechner. Zu Ellul vgl. Merton 1964; Saretzki 1994.

Ganz ähnlich argumentiert der sich auf Ellul und Freyer berufende Konservative Helmut Schelsky[6]. Auch bei ihm diktiert die vom Menschen selbst geschaffene technische Zivilisation eben diesem Menschen Handlungsweisen und Rationalitätsformen. Technik wird damit zum Sachzwang. Diese Auffassung ist ein Paradebeispiel für „technologischen Determinismus“: Menschliches Wollen und Handeln spielt für den Lauf der technisch-sozialen Entwicklung lediglich eine nachgeordnete Rolle, der gesellschaftliche Prozess erscheint als zwangsläufiges Schicksal.

Schelsky bezieht seine Sachzwangthese vor allem auf den Staat, die eigentliche Arena von Willensbildung, Entscheidung und Ausübung von Macht. Der Staat „ist ein universaler technischer Körper geworden und beweist seine staatliche Effizienz nicht zuletzt in der Perfektionierung der technischen Möglichkeiten der Gesellschaft“ (Schelsky 1965: 455). Er degeneriert zum Vollzugsorgan technischer (oder heute noch mehr: durch Globalisierung induzierter) Imperative und erscheint als „herrschaftslose Herrschaft“: „Die Verwandlung der Demokratie in den ‚technischen Staat‘ bedarf keiner Revolution im sozialen oder politischen Sinne, keiner Verfassungsänderung, keiner ideologischen Bekehrung. Es bedarf nur der steigenden Anwendung wissenschaftlicher Techniken aller Art, und der technische Staat entsteht im alten Gehäuse.“ (Schelsky 1965: 460) Im technischen Staat ist Technik also ein politisches Machtmittel geworden.

Schelsky setzt damit Webers Diagnose der fortschreitenden Versachlichung, Bürokratisierung, Entpersonalisierung und Anonymisierung sozialer Beziehungen in der Moderne fort. Konsequenterweise entsteht dabei eine soziale Wirklichkeit ohne Akteure, in der Sachzwänge an die Stelle von sozialen Zwängen treten. Dieses Modell einer Technokratie als Herrschaft einer autonom gewordenen Technologie fügt sich nicht nur in den Duktus der Rationalisierungs- und Bürokratiekritik von Weber ein. Es ist auch eine

6 Vgl. Stehr 1994: 420-450; Halfmann 1996: 84-87; Saretzki 1994.

kritische Auseinandersetzung mit Modernisierungsfolgen: Die Beschreibung der autonomen Entwicklung nämlich erfolgt nach dem Modell der funktionalen Differenzierung, wie sie Luhmann vertritt, wenn er gesellschaftliche Modernisierung durch die Zunahme von Komplexität und die Steigerung von Effizienz beschreibt. In einer stärkeren Variante drückt die Technik ihre eigene Logik auch anderen Systemen/Bereichen auf, sie übernimmt eine Leitfunktion beim sozialen Wandel, der sich der technischen Entwicklungslogik anzupassen hat. Soziale werden in technische Fragen der Funktionalität und Effizienz übersetzt (vgl. die Ausführungen zum *technological fix*), technische Entwicklung und fortschreitende Rationalisierung fallen damit in eins.

Der „Trick" Schelskys suggestiver Diagnose ist offenkundig: Er betreibt wie auch Freyer und Gehlen philosophische Totaldeutung. Damit bewegt sich Schelsky auf einem Abstraktionsniveau, das sich empirischer Spezifizierungen und Differenzierungen entzieht. Das ist kein Zufall. Denn der Grad der „Technikdeterminismus-Lastigkeit" hängt zu einem guten Teil von der gewählten Analyseebene ab (Misa 1994): Technikdeterministische Ansätze sind eher auf der gesellschaftlichen Makroebene angesiedelt, während der konstruktivistische Gegenpart Prozesse der Aushandlung, Interessenkonstellationen und Gestaltung in den Vordergrund stellt (vgl. Kap. 6). So ist bei genauerer Betrachtung auch die Herrschaft der Sachzwänge nicht durch technische Eindeutigkeit im Sinne eines *one best way*, sondern durch politisch instrumentalisierte Gutachterkämpfe geprägt. Technik ist keineswegs „eindeutig" genug, um den „Spielraum politischer Entscheidung" so gering zu halten, dass sich das technische Argument „unideologisch" durchsetzt (Schelsky 1965: 471, 473). Vielmehr gibt es bei technischen Lösungen immer auch funktionale Alternativen. Solche Aushandlungsprozesse lassen sich auf der Mikroebene sozialer Interaktionen plastischer beschreiben. Makrostudien dagegen abstrahieren von individuellen Fällen, schreiben dem Handeln von Akteuren eher (Zweck)Rationalität zu und sind *order-driven* (Misa 1994).

Allen technikdeterministischen Sichtweisen ist gemeinsam, dass sie mit einem weiten Technikbegriff operieren, der nicht auf den Artefaktsinn beschränkt bleibt, sondern auf den (rationalen) Handlungscharakter abhebt. Deutlich wird dies vor allem bei Ellul. Bei ihm ist Technik „the totality of methods rationally arrived at and having absolute efficiency (for a given stage of development) in every field of human activity.“ (Ellul 1964: xxv) Ellul interessiert Technik als effiziente Suche nach dem *one best way*, als Prozess der Rationalisierung und planvollen Zurichtung der Gesellschaft.

Das technikdeterministisch praktizierte Ineinssetzen von Technisierung und Rationalisierung ist indes nicht auf konservative Sichtweisen begrenzt. Auch die „linke“ Technokratiekritik der Herrschaft technisierter Leitbilder und technologischer Ideologien, der Effektivität, Produktivität und Funktionalität bewegt sich auf dieser Ebene, wenn sie Technik als außersoziales Phänomen begreift. Und auch dieser kulturkritische Strang wurzelt modernisierungstheoretisch in Webers (und auch Simmels) Kritik der Rationalisierung, die den Geist auf einen rechnenden verkürzt. Im Unterschied zu Ogburns These des *cultural lag*, die von einer Eigenlogik der technischen Entwicklung ausgeht, der sich die Gesellschaft anzupassen hat, moniert die linke Technokratiekritik allerdings keine gesellschaftlichen Anpassungsdefizite, sondern eine Kolonialisierung von Lebensbereichen, in denen Technik nichts zu suchen habe. Gemeinsam ist beiden Sichtweisen, Technik als eine mit eigener Logik ausgestattete Dynamik der Rationalisierung zu begreifen, die ein von der sozialen Entwicklung abgekoppeltes Eigenleben führt.

Ein gutes Beispiel für die Trennung von Technik und Gesellschaft in kritischer Absicht ist die gesellschaftstheoretisch motivierte Technokratiekritik von Jürgen Habermas (1968, 1981). In seinen frühen Schriften ordnet er „Arbeit“ der Technik zu und „Interaktion“ der Gesellschaft (1968: 62f.). In der Theorie des kommunikativen Handelns (1981: 214ff., 219ff., Bd. II) definiert er zweckrationales Handeln als an der Umwelt orientiertes erfolgskontrolliertes Tun und stellt diesem die an Verständigung orientierte kommunikative Handlungsform gegenüber. Beide Handlungstypen konstituieren verschiedene gesellschaftliche Sphären: Das zweckrationale Handeln ist die Grundlage der Ökonomie und des Rechts, Öffentlichkeit und Lebenswelt dagegen gründen auf den Mechanismen verständigungsorientierten Handelns. Technik ordnet Habermas dem zweckrationalen Handeln zu und liefert im Anschluss an Arnold Gehlen eine anthropologische Begründung dafür[7]. Bei Habermas wurzeln Modernisierungsgewinne in der Ausdifferenzierung von Wertsphären und der Herausbildung einer Eigenlogik der Subsysteme Wirtschaft und Politik/Recht im Kontrast zur konsensuell organisierten Lebenswelt und Öffentlichkeit. Problematisch wird Modernisierung bei Habermas, wenn Systemlogiken nicht mehr auf ihr Terrain beschränkt bleiben, sondern ausgreifen. Dann wird Technik zur Sozialtechnologie und zur Ideologie (1968: 88).

Bei Habermas findet sich sowohl ein funktional begründeter Kritikmaßstab, der sich auf Störungen der kulturellen Reproduktion, sozialen Integration und Sozialisation bezieht wie auch eine normative Perspektive, die auf den Umschlag einer kommunikativen Rationalisierung der Lebenswelt verweist. Die Kritik richtet sich vor allem gegen unangemessene Grenzüberschreitungen (Habermas 1981: 171-293). Gesellschaftstheoretisch lässt sich mit einem solchen Modell gegen Kolonialisierungstendenzen argumentieren, die Konzeption von Technik bleibt demgegenüber eindimensional. Denn Habermas unterscheidet nicht zwischen Technisierung und

---

7 Gehlen (1986: 147-182; 93-97) fasst Technik als eine Notwendigkeit, die sich aus den mangelhaften organischen Fähigkeiten des Menschen ergibt. Die dreifache Funktion der Technik ist für ihn erstens *Kompensation/Ergänzung* fehlender Ausstattung (Beispiele dafür sind die Waffen- und Feuerverwendung), zweitens *Verstärkung* unzureichender Ausstattung (etwa durch den Gebrauch des Hammers, Mikroskops oder Telefons) und drittens *Entlastung* etwa durch das Fahrrad oder andere Verkehrsmittel. „Organersatz", „Organverstärkung" und „Organentlastung" sind nach Gehlen also die anthropologischen Konstanten einer sich verselbständigenden Technik.

Rationalisierung, sein Technikbegriff ist auf der gleichen Abstraktionsebene wie die Sachzwangthese der Technikdeterministen angesiedelt – was sich aus der Fokussierung auf den Handlungsaspekt von Technik ergibt (Hennen 1992: 25). Das liegt soziologisch nahe, ist der Sache (der Technik) aber nicht angemessen (vgl. dazu 7.3).

SozialwissenschaftlerInnen müssen Konzepte entwickeln, die Technik nicht vereinheitlicht und nicht verabsolutieren. Ebenso wenig ist es hilfreich, Technik ausschließlich unter der Perspektive zweckrationalen Handelns zu begreifen. Denn damit sind differenzierende und detailgenaue Sichtweisen kaum noch möglich. Darüber hinaus erweist sich modernisierungstheoretisch gesehen die Prämisse der Rationalisierung und Verselbständigung als zu eng für einen adäquaten Zugang zu technischen Entwicklungen: „Die Technik" hat keine und folgt keiner inhärenten, überhistorischen Logik. Um den gesellschaftlichen Charakter von Technik als soziales Produkt wie auch Instrument sozialen Handelns in den Blick zu bekommen, ist deshalb ein Wechsel der Perspektive erforderlich, der die „Gemachtheit" von Technik vor allem als politisches Projekt betont.

2.3 Optionen: Artifacts have politics

Die Defizite technikdeterministischer Sichtweisen machen den Bedarf nach einer genuin soziologischen Perspektive offenkundig: Wer sind die Akteure, welche Gestaltungsmacht haben sie, welche Rolle spielt das soziale Umfeld? Die entgegengesetzte These, dass nämlich bestimmte Technologien in sich selbst politisch seien, leuchtet allerdings auch nicht unmittelbar ein: Alle wissen, dass Menschen politisch handeln, Dinge aber nicht. Nicht die Pistole tötet wahllos Schulkinder in den Unterrichtsräumen, sondern frustrierte, von ihren MitschülerInnen ausgegrenzte und in einem aufgeheizten sozialen Umfeld aufwachsende 15jährige, die sich des elterlichen Waffenschranks bedienen.

Dieser zweiten Sichtweise einer Einschreibung politischer Ziele und Intentionen in Artefakte entspricht die These der sozialen

Determination von Technik. In der sozialwissenschaftlichen Diskussion operiert sie als Korrektiv zur bislang skizzierten Botschaft technischer Eigendynamik. Sie geht nämlich davon aus, dass Technik über keine inhärente Gestaltungskraft verfügt, sondern ein Mittel zur Realisierung sozialer Zwecke ist. Genau um diesen Zusammenhang geht es dem amerikanischen Politikwissenschaftler und Technikphilosophen Langdon Winner (1986). Technischen Dingen, so seine These, wohnen politische Qualitäten inne. In der neomarxistischen Variante Herbert Marcuses behauptet diese These, dass Herrschaft schon in die Konstruktion der Technik eingeht. Sie postuliert aber auch, dass sich die Herrschaft nicht nur „vermittels der Technologie, sondern *als* Technologie" verewigt und erweitert (Marcuse 1967: 172f.)[8]. Das bedeutet, dass naturwissenschaftlich-technische Methoden und die Anwendung der damit gewonnenen Ergebnisse nach der gleichen Logik funktionieren. Die empirische Ausformung der westlichen Technik ist somit ein Produkt kapitalistischer Profitmaximierung und Herrschaftssicherung.

Konsequenterweise plädiert Marcuse in seiner Vorrede zu „Der eindimensionale Mensch" für die Aufhebung des neutralen Technikbegriffs: „Angesichts der totalitären Züge dieser Gesellschaft läßt sich der traditionelle Begriff der Technik nicht mehr aufrechterhalten. Technik als solche kann nicht von dem Gebrauch abgelöst werden, der von ihr gemacht wird; die technologische Gesellschaft ist ein Herrschaftssystem, das bereits im Begriff und Aufbau der Techniken am Werk ist." (1967: 18) Marcuse formuliert seine These der Herrschaft von Technik am pointiertesten in der Auseinandersetzung mit Max Weber (Marcuse 1964): Weber analysiere die Industriegesellschaft scharfsichtig auf der Folie kapitalistischer Rationalitätssteigerung, sähe Technik aber als Ergebnis einer historischen Wahl. Weber bleibe damit mit seiner Diagnose auf halber Strecke stehen, weil er die scheinbar formale Rationalität

8 Marcuse 1964; 1967; dazu Saretzki 1994: 372f.; Stehr 1994: 441-446.

der Zweck-Mittel-Effektivierung nicht schon im Kern als eine kapitalistische begreife (Marcuse 1964: 127).

Wie auch Marcuse interessiert sich Winner für den Zusammenhang von (politischen) technischen Artefakten und sozialer Ordnung. „Inherently political technologies“ (Winner 1986: 29) sind nach Winner solche, die spezifische soziale Abfederungen erfordern. Zur Erläuterung berichtet Winner in seinem erstmals 1980 erschienenen Aufsatz „Do artifacts have politics?“ zum Stand der sozialwissenschaftlichen Technikforschung (Winner 1986) von tief gebauten Brücken über die Highways, die von New York City zu den Stränden von Long Island führen. Der berühmt-berüchtigte New Yorker Stadtplaner Robert Moses hatte sie in den dreißiger Jahren entworfen und damit dafür gesorgt, dass der unterprivilegierte Teil der Bevölkerung nicht zu den Stränden gelangen konnte. Die Brücken waren nämlich so niedrig gebaut, dass die öffentlichen Verkehrsmittel, also Busse, nicht unter ihnen hindurchfahren konnten. Die Busse aber waren das Hauptverkehrsmittel der schwarzen Bevölkerung. Und der einzige Weg zu den Stränden führte über die Highways, die die weiße Mittelklasse natürlich nur mit ihren Privatautos befuhr. Die Schwarzen und Armen blieben ausgeschlossen – infolge politischer Entscheidungen, die sich in Technik materialisierten[9].

Auch die Kernenergie verwendet Winner als Beispiel für eine inhärent politische Technologie. Akzeptiere man nämlich Kernkraftwerke, entscheide man sich gleichzeitig für eine technisch-wissenschaftlich-industriell-militärische Elite. Dies führe eine Gesellschaft zwangsläufig in den Autoritarismus. Denn auch die Größe einer solchen Anlage mache sie für eine dezentrale, kommunale Nutzung ungeeignet. Eine grundsätzliche Alternative sei nicht vorstellbar, weil bereits die Abwehr bzw. Verhinderung von Unfällen und kriminellen Anschlägen totalitäre Sicherheitsvorkeh-

---

9 Zu einer wissenssoziologischen „Dekonstruktion“ dieses in der Techniksoziologie so populären Beispiels vgl. Joerges 1999 und Woolgar/Cooper 1999.

rungen und Strukturen erfordere. Verteilte Solarquellen seien im Gegensatz zu solchen zentralisierten Technologien eher mit sozialer Gleichheit, Freiheit und kulturellem Pluralismus vereinbar – sie passen einfach besser zu einem demokratischen Setting. Dies führt Winner zu einer weiteren Frage: Handelt es sich bei den eintretenden oder erwarteten Effekten um Eigenschaften der Dinge selbst oder weisen sie nur eine besondere Affinität mit einer sozialen Infrastruktur auf? Die Atombombe und auf Effizienz ausgerichtete Produktionssysteme mögen hierfür als Beispiele dienen:

Wegen ihrer verheerenden Wirkung erfordert die Atombombe eine zentrale Kontrolle, eine rigide Hierarchie im Kontrollkommando und Ungleichheiten im Wissen. Die inhärente Politik der Atombombe liegt somit in der Notwendigkeit ihrer undemokratischen und autoritären Handhabung. Schwieriger wird es mit der These, dass die Konstruktion und der tägliche Betrieb vieler Produktionssysteme eine weitreichend zentralisierte, hierarchische Organisation erfordere, die von hochqualifizierten Managern verwaltet werden müsse (Chandler 1977): Wenn solche Systeme effektiv, effizient, schnell und sicher arbeiten sollen, müssten diese eine hierarchische und autoritäre Organisationsform haben. Dagegen aber sprechen Beispiele wie das der Teamarbeit in schwedischen Automobilfirmen. Sie zeigen, dass auch andere Arrangements von Macht und Herrschaft in der Lage sind, in modernen Fabriken produktives Arbeiten zu ermöglichen. Auch hier wird wieder klar, dass sich die Frage nach der Zwangsläufigkeit bzw. Wahrscheinlichkeit spezifischer sozialer Settings nicht auf einem so abstrakten Level wie die Frage „Do artifacts have politics?" verhandeln lässt (vgl. hierzu die Argumente gegen Schelsky). Zwar sind viele hochzentralisierte und sicherheitssensible technische Systeme mit zentralisiertem, hierarchischem Kontrollmanagement kompatibel. Die interessante Frage ist jedoch, ob diese Muster in irgendeinem Sinn ein Erfordernis dieser Techniken sind oder doch nur empirische Kontingenzen – eine empirisch zu verhandelnde Frage also!

Wo liegt also der Gewinn des politischen und kulturellen Zugangs zu Technik? Das Problem technischer Entwicklungen nur in Bereichen der Kostenreduktion, der Effizienz oder Ausrüstungsmodernisierung zu sehen, greift zu kurz. Technik ist auch und vor allem eine Lebensform: „We do not *use* technologies as much as *live* them." (Winner 1986: 11f.). Technik schafft Ordnung im Sozialen. Bewußt oder unbewußt, überlegt oder ungeplant wählen Gesellschaften Strukturen für ihre Technologien, die beeinflussen, wie Menschen zur Arbeit gehen, wie sie kommunizieren, reisen, konsumieren, und zwar über eine lange Zeit. Da einmal getroffene Entscheidungen dazu tendieren, fest in der materiellen Ausstattung, in ökonomischen Investitionen und sozialen Umgangsweisen fixiert zu werden, verschwindet die ursprüngliche Flexibilität für alle praktischen Zwecke, wenn politische Entscheidungen (z.B. für den Ausbau des Straßen- statt des Schienenverkehrs) gefallen und die anstehenden Maßnahmen eingeleitet wurden.

Zusammenfassend lassen sich damit zwei Kontrapunkte der techniksoziologischen Diskussion ausmachen, nämlich die Auffassung der technologische Aufhebung der Gesellschaft einerseits und der Politisierung der Technologie andererseits (Sohn 1994). Die technikdeterministische Variante begreift Technik als alternativloses Ereignis, das sich unabhängig vom Menschen entwickelt. Bei der Konzeption von Technik als Politikum dagegen ist diese nie neutral sondern verkörpert inhärente Herrschaftsambitionen – seien sie kapitalistischer (vgl. Kap. 5) oder patriarchaler Provenienz (6.1). Und wieder einmal zwingt eine differenzierende Diskussion zu zweierlei: Zu einem empirischen Blick und zu einer theoriegeleiteten Sichtweise. Was sind Zwänge, was sind Abhängigkeiten, was heißt determinieren, beeinflussen, *to shape*? Zur Konkretisierung dieser Fragen werde ich in den nächsten beiden Kapiteln den Aspekt der Entwicklung von Technik weiter ausleuchten. Zunächst im Spannungsfeld von Technikfolgenabschätzung und Technikgeneseforschung (Kap. 3) und sodann im Hinblick auf eine evolutionäre Konzeption von Technik (Kap. 4).

3 Techniksteuerung zwischen Folgenabschätzung und Geneseforschung

TechnikdeterministInnen würden die Erfindung der Glühbirne vermutlich über die Einführung der Straßenbeleuchtung in eine direkte Verbindung mit der Entwicklung des Großstadtlebens bringen. TechnikhistorikerInnen sehen solche Beispiele überstrapaziert: „So konnte etwa derjenige, der zuerst einen Schornstein und Kamin baute, schwerlich vorhersehen, daß diese Innovation die Ausbildung der Privatsphäre und der romantischen Liebe fördern würde." (Radkau 1993: 184) Soziale Zusammenhänge lassen sich nicht kausal aus einer technischen Entwicklung ableiten. Ein solcher Wunsch nach einer technischen „Schraube" aber, an der man (politisch) drehen kann, legitimiert die Technikfolgenabschätzung. Sie entstand aus dem Bedürfnis, zukünftigen technischen Entwicklungen und Folgen nicht hilflos gegenüberzustehen. Mit dem Versuch der Prognose technischer Entwicklungen und dem Entwurf alternativer Szenarien bekennt sich die Technikfolgenabschätzung zu politischer Gestaltung und bildet damit einen Gegenpol zu technikdeterministischen Sichtweisen. Vor diesem Hintergrund will ich zunächst auf die Möglichkeiten und Grenzen der Technikfolgenabschätzung als Antwort auf nachgefragtes Prognose- und Orientierungswissen eingehen. Der Kontext dieser Fragestellung ist ein primär technologiepolitischer (3.1). Sodann zeichne ich den Übergang von einer „therapeutischen" zu einer „prophylaktischen" Technikforschung und damit auch von der politischen zur primär wissenschaftlichen Arena nach (3.2). Schließlich werde ich einige Konsequenzen für die Techniksteuerung ziehen (3.3).

3.1 Technikfolgenabschätzung als Antwort auf nachgefragtes Prognose- und Orientierungswissen

Politische EntscheidungsträgerInnen müssen über entscheidungsrelevantes Wissen verfügen. Dazu zählt Prognosewissen: Wie wird die weitere Entwicklung verlaufen? Außerdem ist Orientierungswissen gefragt: Wie soll die Entwicklung sein? Was können wir tun? Technikfolgenabschätzung oder *technology assessment* (TA) ist eigentlich keine Technikfolgen*forschung,* sondern eine *policy analysis* zur Bewertung politischer Programme und Maßnahmen mit dem Ziel der Technikentwicklung[1]. Der Bedarf nach einem solchen Wissen ergibt sich zunächst einmal aus dem gesteigerten Tempo bei der Entwicklung und Verbreitung technischer Innovationen: Weil der Innovationsdruck steigt, verkürzt sich der Abstand zwischen Idee und neuem Produkt zunehmend und es bleibt weniger Zeit zum Ausprobieren (vgl. 10.1). Zum Zweiten führt die Vielfalt technischer Neuerungen und der Technisierung von Abläufen zu Unübersichtlichkeiten aufgrund wechselseitiger Wirkungen, komplizierter Ursache-Wirkungszusammenhänge und irreversibler ökologischer und gesellschaftlicher Veränderungen. Drittens zieht die Offenheit und Plastizität vieler technischer Konstruktionen gegenüber sozialen Orientierungen die Notwendigkeit ihrer Gestaltung nach sich: „Infrastrukturen sind gebrauchsunfähig, wenn sie nicht soziale Regeln als Systembestandteile enthalten." (Steinmüller 1990: 19) Ebenso wie Straßen ohne die Geltung der Straßenverkehrsordnung nicht zu gebrauchen sind, muss auch bei informationstechnischen Infrastrukturen wie dem Internet nicht nur der technische, sondern auch der soziale Gebrauchsrahmen abgesteckt und inhaltlich gefüllt werden. Entscheidend ist dabei, dass technische Machbarkeit keineswegs mit sozialer Brauchbarkeit zusammenfallen muss – und es in der Praxis auch selten tut. Schließlich ließen seit Ende der sechziger bis zu Beginn der achtziger Jahre skeptische Stimmen in der Öffentlichkeit die Technik zunehmend in die Kritik geraten (Széplábi 1981; Bechmann 1987): Langfristige Sekundär- und Tertiärfolgen, also indirekte, nicht intendierte und über mehrere Generationen und auf mehreren Ebenen wirksame Folgen, führten vor allem hinsichtlich dem vermehrten Einsatz der Kernenergietechnik im zivilen und militä-

---

1 Bechmann/Gloede/Paschen 1988: 283; Bullinger 1991: 106; Meyer 1999.

rischen Bereich oder auch in Bezug auf den Überschallflugverkehr zu einem deutlich artikulierten Risikobewußtsein[2].

Als Pionier der Technikfolgenabschätzung gilt der Soziologe William F. Ogburn, der die sozialen Effekte technischer Erfindungen empirisch und statistisch untersuchte. Bereits 1936 legte er der amerikanischen Regierung den ersten Trendreport über zukünftige Erfindungen und Folgen vor. Danach spielen die sozialen Probleme der Anpassung von Institutionen und Verhaltensweisen an Innovationen die entscheidende Rolle. Ogburn machte zwei wichtige Entdeckungen zur „multi-linearen Technik-Folge-Beziehung" (Rammert 1993: 24). Zum einen beobachtete er die Vielfältigkeit der sozialen Effekte (es waren allein 150 beim Radio), zum anderen konstatierte er eine Konvergenz mehrerer Erfindungen, die erst zusammen eine soziale Wirkung auslösten. So ging die Besiedlung der Prärielandschaft mit der Erfindung des Revolvers, des Stacheldrahts und des Windrads einher. Und das Wachstum der Vorstädte fußte auf der gekoppelten Wirkung von Automobil, Straßenbau und Telefon. Mit einem solchen mehrdimensional angelegten Ansatz sind Folgen angemessen zu beschreiben, die durch die Anhäufung und Verkettung von Effekten zustande kommen.

Um die Probleme einer immer komplexer werdenden technisierten Gesellschaft zu bewältigen, gründete das amerikanische Parlament in Washington 1972 das Büro für Technikfolgenabschätzung (OTA für *office of technology assessment*). Als wissenschaftlich fundiertes Frühwarnsystem sollte es etwa in Bezug auf technische Großprojekte wie Überschallflugzeuge und Raketenabwehrsysteme Prognosewissen für politische Entscheidungen zur Verfügung stellen. Die OTA-Studien galten als glaubwürdig, eine typische

---

2 Der Widerstand gegen die Einführung neuer Technologien ist in den letzten beiden Jahrzehnten allerdings einer vielschichtigeren öffentlichen Meinung gewichen. Die komplette Ablehnung einer Technologie ist seltener geworden (Eijndhoven 1999), was vor allem die öffentliche Debatte um die gentechnische Therapie von Krankheiten oder auch das Internet zeigt.

Studie kostete einige hunderttausend Dollar und es waren bis zu 120 ForscherInnen daran beteiligt. Umwelt- und KonsumentInnenbewegung, die die nicht-intendierten negativen Folgen des Technikeinsatzes thematisierten, waren ebenso an der Entstehung und inhaltlichen Ausgestaltung der Idee einer Technikfolgenabschätzung beteiligt wie der US-amerikanische Kongress. Politikberatung wurde vor diesem Hintergrund zu einem Arbeitsschwerpunkt des Büros und verbesserte die Möglichkeiten der ParlamentarierInnen, sich unabhängig von der Exekutive detailliertere Informationen über wissenschaftlich-technische Entwicklungen und deren Auswirkungen zu verschaffen. In der Bundesrepublik kam es 1985 zur Einberufung einer Enquete-Kommission des Bundestags zur Technikbewertung, vor einem Jahrzehnt wurde das Büro für Technikfolgenabschätzung im Bundestag (TAB) institutionalisiert[3]. Als maßgeblich beteiligter Sachverständigengruppe definiert der Verein Deutscher Ingenieure (VDI) Technikfolgenabschätzung als planmäßiges, systematisches, organisiertes Vorgehen, das

- den Stand einer Technik und ihrer Entwicklungsmöglichkeiten analysiert (Technikanalyse),
- unmittelbare und mittelbare technische, wirtschaftliche, gesundheitliche, ökologische, humane, soziale und andere Folgen dieser Technik und möglicher Alternativen abschätzt (Folgenabschätzung),
- aufgrund definierter Ziele und Werte diese Folgen beurteilt oder auch weitere wünschenswerte Entwicklungen empfiehlt (Technikbewertung)
- und Handlungs- und Gestaltungsmöglichkeiten daraus ableitet und ausarbeitet, so dass begründete Entscheidungen ermöglicht

---

3 Zu Geschichte, Definition und Aufgaben der Technikfolgenabschätzung vgl. Bechmann/Gloede/Paschen 1988: 285; Catenhusen 1994; Coates 1999; Meyer 1999; Paschen 1999; Zweck 1993: 115-119.

und gegebenenfalls durch geeignete Institutionen getroffen werden können (Technikgestaltung/-politik).

Zum Arbeitsprogramm des Büros gehört neben der Durchführung von Projekten zur Technikfolgenabschätzung auch die Beobachtung wichtiger wissenschaftlich-technischer Trends und damit zusammenhängender gesellschaftlicher Entwicklungen. Themen waren bzw. sind beispielsweise Klonen von Tieren, Brennstoffzellen-Technologie, biometrische Identifikationssysteme von Menschen und Perspektiven des elektronischen Handels. In den ersten Jahren der Arbeit dominierte ein technikzentriertes Vorgehen. Es basierte auf dem Glauben der prinzipiellen Quantifizier- und Objektivierbarkeit von Folgen. Entsprechend hoch waren die Ansprüche und Erwartungen der Beteiligten und das Vertrauen in die Problemlösungskompetenz. Diesen Optimismus gibt es heute nicht mehr. Zum einen, weil rückblickend – wenig erstaunlich – „die mit der Umsetzung dieses Konzepts verbundenen enormen Theorie-, Methoden- und Datenprobleme die TA-Praxis vollständig überforderten“ (Paschen 1999: 80), zum anderen „wurde die über lange Zeit handlungs- und entscheidungsleitende Annahme, wissenschaftlich-technischer Fortschritt und sozialer Fortschritt stünden in einem linearen, direkt proportionalen Verhältnis zueinander, grundlegend erschüttert“ (Dierkes/Hähner 1999: 98). Inzwischen lässt sich dem „traditionellen“ oder „klassischen“ Begriff von Technikfolgenabschätzung eine gegenwärtig dominierende „moderne“ Auffassung (Paschen 1999: 83) gegenüberstellen.

Der heute favorisierten Sichtweise zufolge soll Technikfolgenabschätzung vor allem Potenziale wissenschaftlich-technischer Entwicklungen und die damit verbundenen gesellschaftlichen, wirtschaftlichen und ökologischen Chancen ausloten („Spürhundfunktion“). Dabei bilden zunehmend soziale Probleme, Bedürfnisse und Erwartungen den Ausgangspunkt. Eine probleminduzierte TA gewinnt damit gegenüber der mehr an der Angebotsseite orientierten Technikfolgenabschätzung die Oberhand. Weiterhin besteht Einigkeit darüber, die Schaffung besserer rechtlicher und sonstiger Rahmenbedingungen für strategische Entscheidungsfindungen in

Forschung und Entwicklung zu unterstützen, Studien nicht nur einmalig, sondern im Bedarfsfall wiederholt durchzuführen, interessierte und betroffene Einzelpersonen sowie die allgemeine Öffentlichkeit daran tatsächlich zu beteiligen und schließlich die normativen Maßstäbe der durchgeführten Studien transparent, nachvollziehbar und überprüfbar zu machen – zumindest gilt all dies programmatisch[4]. Zur Abschätzung möglicher Folgen von Kernkraftwerken, der Einführung von Computern in Organisationen oder der Auswirkungen des Klimawandels wurden inzwischen zwar verschiedene Verfahrensschemata und Phasenmodelle entwickelt und getestet (Kornwachs 1991; Seetzen/Stransfeld 1989: 4f.; Zweck 1993: 124-129), allerdings mit begrenztem Erfolg. Denn auch die Verfeinerung ihrer Methoden kann nicht über drei grundlegende Schwierigkeiten und Grenzen hinwegtäuschen. Sie betreffen methodologische Fragen, die zeitliche und sachliche Identifizierung einer neuen Technik sowie die verschiedenen Interessen, die mit einer Technikfolgenabschätzung verbunden sind.

- Die *methodologischen Probleme* sind vor allem mit der prinzipiell unvollständigen Informationslage und der Komplexität der Situation verbunden. Denn das Spektrum der Folgen und Nebenfolgen erweitert sich mit jeder Veränderung und jeder Vermutung über neue Folgen, was durch Vernetzungen und

---

4 Paschen 1999; Eijndhoven 1999: 67. Zur neomarxistischen Kritik der Technikfolgenabschätzung als einer prinzipiell interessengebundenen und keineswegs sachlich neutralen Legitimationsbeschafferin politischer Entscheidungen vgl. Ullrich (1997). Obwohl in den letzten Jahrzehnten der Glaube an die Problemlösungsfähigkeit der Wissenschaft einer abgeklärten Skepsis Platz gemacht hat, erwies sich die Institution der Technikfolgenabschätzung als erstaunlich überlebensfähig: Eine seit den neunziger Jahren vom Institut für Technikfolgenabschätzung und Systemanalyse des Forschungszentrums Karlsruhe angelegte Datenbank weist in Europa eine stetig wachsende Zahl von Institutionen und Projekten in diesem Bereich aus, Deutschland steht dabei deutlich an der Spitze (Coenen/Fürniß/Kupsch 1999; Berg 1999).

Rückkopplungen[5] zusätzlich forciert wird. Schwierigkeiten ergeben sich dabei vor allem bei der Problemerkennung (Bechmann/Gloede/Paschen 1988: 289). Stichworte dazu sind die rechtzeitige Wahrnehmung komplexer und wenig bekannter Einflussfaktoren, der zeitliche Abstand von Ursache und Wirkung und damit einhergehend der kaum zu führende statistische Nachweis kausaler Zusammenhänge. Diese Beschränkungen führen lediglich zum Aufweis von Problemfeldern, erlauben jedoch keine Prognosen. Eine solche Selbstbescheidung empfiehlt sich aus zwei Gründen (Forester 1990). Zum einen führt die „Extrapolationsfalle“ (über 90 Prozent aller Prognosen in der Literatur sind Trendextrapolationen) zu gravierenden Prognosefehlern[6]. Zum anderen weisen Phänomene wie Börsencrashs und Bankenpleiten auf die Wirksamkeit sich selbst erfüllender Prophezeiungen (*self-fulfilling prophecies*) hin. Trotz verfeinerter Methoden der Modellbildung und Simulation beträgt die Prognosegrenze also meist nur vier bis fünf Jahre – angesichts der Spätfolgen atomarer Unfälle eine lächerliche Dimension.

- Ein zweites Problem ist die *zeitliche und sachliche Identifizierung einer neuen Technik.* Die Technikfolgenabschätzung widmet sich der Analyse bereits bestehender Technologien. Der späte Ansatz wird mit der ungenügenden Informationslage im Frühstadium begründet (Collingridge 1980: 11-19). Um aber relevantes Steuerungs- und Kontrollwissen zu produzieren, ist das zu spät. Wie also sollen die Folgen einer Technologie abgeschätzt werden, die noch nicht eingesetzt oder gar entwickelt wurde? Welche Prognosen beispielsweise sind hinsichtlich gentechnologischer Experimente in der Medizin oder

---

5 Vgl. zu den methodischen Grenzen der Technikfolgenabschätzung bereits sehr früh Gilfillan (1952); zum Umgang mit Komplexität in steuerungs- und kontrolltheoretischer Sicht vgl. Degele 1997a.

6 Zahlreiche Beispiele dafür liefern unzutreffende Vorhersagen zur Verbreitung von Expertensystemen, BTX und Telearbeit.

VR-Anwendungen (Virtuelle Realitäten) in der Architektur zu treffen, die sich bestenfalls im prototypischen Stadium befinden?

- Ein weiterer erschwerender Faktor ist schließlich, dass sich *unterschiedliche Erwartungen* an die Technikfolgenabschätzung richten (Kornwachs 1991: 18f.): Unternehmen betreiben Technikfolgenabschätzung zum Entwurf unternehmerischer Strategien, PolitikerInnen zur Untermauerung politischer Entscheidungen, und WissenschaftlerInnen begrenzen ihren Anspruch auf den Einblick in Dynamiken, Zusammenhänge und wahrscheinliche Entwicklungspfade. Sie lehnen konkrete Prognosen und Handlungsempfehlungen aufgrund der oben genannten Schwierigkeiten ab und enttäuschen damit sowohl die Erwartungen der Politik und der Wirtschaft wie auch der Öffentlichkeit.

Als Konsequenz ist es schwierig bis unmöglich, die Wirkungen einer bestimmten Technik umfassend, prognosesicher und unparteiisch darzulegen – die gelieferten Informationen sind nicht neutral (vgl. Ullrich 1997). Diese konzeptuellen Probleme haben praktische Folgen: Staatliche Technologiepolitik soll neue Technologien fördern, aber gleichzeitig die Folgen abschätzen. Ihr fehlt das Wissen darüber, wie sich Techniken entwickeln und in der Gesellschaft institutionalisiert werden. An diesem Punkt setzt die sozialwissenschaftliche Technikgeneseforschung an: Auch wenn sie Prognosen verweigert, beansprucht sie, handlungsrelevantes Wissen zu produzieren. Wie tut sie das?

3.2 Von der „therapeutischen“ zur „prophylaktischen“ Technikforschung

Ein erster Anlass zur Herausbildung der Technikgeneseforschung war die gewandelte Nachfrage nach Steuerungs- und Orientierungswissen, die die Technikfolgenabschätzung nicht befriedigen konnte. Ebenso aber gab es auch innerwissenschaftliche Gründe für die Entstehung der Disziplin. Dazu zählen die Kritik großer Theorien und die schrittweise Ausdehnung der Forschung auf diejenigen Phasen, die der endgültigen Technikanwendung vorangehen. Beide Motive wurden 1984 im „Memorandum zur Sozialwissenschaftlichen Technikforschung" zusammengeführt, das von Meinolf Dierkes, Ludwig von Friedeburg, Renate Mayntz, Michael Schumann und Wolfgang Zapf initiiert wurde[7]. Ihr Ziel bestand darin, Folgenabschätzung und Wirkungsforschung um den bisher weit weniger gut untersuchten Prozess der Erzeugung und Durchsetzung technischer Innovationen systematisch zu erweitern.

Technikgenese meint diejenige Phase technischer Entwicklungen, „die von der Problemdefinition bis zum ersten verwendungsfähigen Industrieprodukt reicht und in der die Korridore festgelegt werden, die für weitere Entwicklungen als eine Art ‚unsichtbarer Selektionsfilter' wirken" (Dierkes/Hähner 1999: 105). Diese Etappe gilt es sozialwissenschaftlich zu identifizieren, zu beschreiben und zu vergleichen. Weil die Technikfolgenabschätzung ihr übergreifendes Ziel – entscheidungsrelevantes Wissen bereitzustellen – im Rahmen ihres methodisch, zeitlich und sachlich begrenzten Ansatzes nicht einlösen kann, entwickelt die Technikgeneseforschung folgende Alternativen:

- Die paradigmatische *Methode* der Technikgeneseforschung ist die Leitbildforschung (Dierkes/Hoffmann/Marz 1992). Sie fragt danach, auf welche handlungsorientierenden und richtungsweisenden projektiven Gebilde (Leitbilder) die beteiligten AkteurInnen vor allem in den frühen Phasen der Technikentwicklung Bezug nehmen und wie diese wirksam werden. *Leitbilder* wie das papierlose Büro, die menschenleere Fabrik, Künstliche Intelligenz oder die autogerechte Stadt bündeln die Intuition und das Wissen der Einzelnen sowie das kollektive Bewußtsein darüber, was machbar und wünschenswert ist. Dies gilt für TechnikentwicklerInnen wie auch für prospektive TechniknutzerInnen. Leitbilder sind Verständnismodelle, an

7 Verbund Sozialwissenschaftliche Technikforschung 1995; vgl. Kubicek/Seeger 1994; Rammert 1993; Weyer/Schmidt/Kirchner 1995

denen sich die Systemgestalter bei einzelnen Entwicklungsprojekten orientieren, und nehmen damit Selektions- und Eliminierungsentscheidungen bei der Entwicklung vorweg. Sie stellen einen klaren Forschungsgegenstand dar bzw. konstruieren ihn, indem sie eine dominante, verhaltens- und entscheidungsleitende Eigenschaft erfassen. Damit liefern sie „richtungsweisende und handlungsleitende Vorstellungen über machbare und wünschbare (technische) Entwicklungen (oder Zukünfte), die als gemeinsamer Orientierungsrahmen für Vertreter unterschiedlicher Wissenskulturen dienen“ (Hoffmann/Marz 1992: 205).

- Damit nimmt die Technikgeneseforschung eine *zeitliche Erweiterung* der Folgenforschung vor: Technikfolgen lassen sich nur abschätzen und bewerten, wenn über die Bedingungen ihrer Verbreitung Klarheit herrscht. Zur Eingrenzung und Benennung wahrscheinlicher Konfliktfelder muss deshalb die frühe Entstehungs- und Entwicklungsphase in die Untersuchung einbezogen werden. Vor der Therapie muss die Diagnose stehen, und das darüber hinausreichende Ziel ist die Prophylaxe. Die Technikgeneseforschung betreibt damit Technikfolgenabschätzung mit anderen Mitteln.
- Die Technikgeneseforschung rekonstruiert die Aneignung von Technik als sozialen Ausgestaltungsprozess verschiedener aufeinandertreffender *Interessen*: Bei der Verbreitung technischer Innovationen geht es nach diesem Ansatz weniger um die Akzeptanz einer Technik, sondern vielmehr um das Erlernen einer technischen Praxis. An den Prozessen der Einführung, Ausgestaltung und Aneignung sind verschiedene Gruppen von AkteurInnen sowie soziale und kulturelle Faktoren gleichermaßen beteiligt – die es modellhaft zu erfassen und abzubilden gilt (vgl. dazu auch 6.3).

Neben Leitbildern sind es vor allem Konstruktions- und Forschungstraditionen, Konstruktions- und Forschungsstile sowie Organisationskulturen, die die Entscheidungen im Feld der Technikgenese beeinflussen (Dierkes/Marz 1991: 171-175; Dierkes/Hähner 1999: 107f.).

Konstruktions- und Forschungstraditionen bilden den handlungsleitenden Wahrnehmungsfilter, durch den alles potentiell relevante Wissen läuft. In Form etablierter Praktiken und Routinen bieten sie IngenieurInnen und WissenschaftlerInnen ein Auswahlkriterium dafür, welche Wissenssegmente sie überhaupt berücksichtigen. In der Wissenschaftssoziologie heißen solche Filter „Paradigmen" (Kuhn 1976). In Anlehnung daran definiert Giovanni Dosi (1982: 152) ein technologisches Paradigma als „a model and a ‚pattern' of solution of *selected* technological problems, based on *selected* principles derived from the natural science and on *selected* material technologies". Technischer Fortschritt wird entsprechend durch ein bestimmtes technologisches Paradigma definiert, und die normale Problemlösungsaktivität im Rahmen eines solchen Paradigmas heißt „technologisches Trajekt". Ein in der Ingenieurkultur akzeptiertes Trajekt enthält auch Anwendungsregeln und ermöglicht damit schnellen technischen Fortschritt. Ein Beispiel dafür ist die Flugzeugentwicklung nach der Einführung der propellergetriebenen DC-3 im Jahr 1936 bis zum Beginn des Einsatzes der großen Passagierjets im Jahr 1958 (Sahal 1985). Die internationale Luftfahrt orientierte sich in diesen beiden Jahrzehnten am Propellerantrieb und steigerte innerhalb dieses Rahmens die Leistungsfähigkeit (Transportkapazität und Geschwindigkeit) der Maschinen. Auch wenn die Grenzen hinsichtlich der Geschwindigkeitssteigerung in den vierziger Jahren offenkundig geworden waren, blieb das Trajekt lange Zeit änderungsresistent. Zwar gab es seit 1939 erste erfolgreiche Flüge mit Düsenmotoren, dabei ergaben sich aber Probleme durch hohen Treibstoffverbrauch, fehlende Zuverlässigkeit und Schubmangel bei geringer Geschwindigkeit. Das führte dazu, dass das Trajekt Propellerantrieb so lange ausgereizt wurde, bis seine Grenzen nicht mehr zu übersehen waren. Es bildete den Kern einer Konstruktions- und Forschungstradition, die – gegen Widerstand – durch eine überzeugende Alternative ersetzt werden musste.

Bei *Konstruktions- und Forschungsstilen* handelt es sich um generalisierte Erfolgsrezepte bzw. Handlungsanleitungen „von gestern“, also um bewährte Entwicklungsrezepte und –routinen. Ihre funktionale Bedeutung für Management und Entwicklung liegt darin, „die in den Organisationen spezifizierte, kognitive, methodische und materiale Form der technischen Problemlösungssuche zu erfassen“ (Dierkes/Marz 1991: 173). Besonders gewichtig sind diese Stile vor allem in Entscheidungssituationen des Forschungs- und Entwicklungsprozesses, die von großer Unsicherheit gekennzeichnet sind. Ein Beispiel dafür ist das konstruktionsleitende Modell für die Entwicklung eines Transportsystems für Personen. Als Vorbild für das Konstruktionsdesign von Personenwagen (also Eisenbahnwaggons für den Personenverkehr) dienten in Europa Kutschen, in Nordamerika dagegen die Salons von Binnenschiffen. In beiden Fällen waren die herangezogenen Modelle die damals dominierenden Verkehrsmittel und dienten als Orientierung für die Entwicklung und das Design von Personenwagen der Eisenbahn. Beim Automobil war es nicht anders: „Die ersten Versuche der Motorisierung von Straßenfahrzeugen mit Otto-Motoren knüpften auch an verschiedene technologische Paradigmata an: als Modelle dienten Fuhrwerke, Kutschen und Dreiräder.“ (Fleischmann 1998: 18; vgl. Abt 1998)

Schließlich soll die Analyse von *Organisationskulturen* („collective programming of the mind“, Hofstede in Dierkes/Hähner 1999: 109) das Ensemble der Kopplungsfaktoren zwischen Außen- und Innenwelt von Organisationen erfassen, um damit einen Schlüssel zu den Prägungen zu gewinnen, die IngenieurInnen ihren Produkten mit auf den Weg geben. Hinter all diesen Faktoren steht die These, „daß im Prozeß des Konstruierens soziale Realität in technische Konfiguration über- und eingeschrieben wird, um als maschinelles Gefüge ‚gehärtet‘ zu werden.“ (Knie/Hard 1993: 227) Dieser Auffassung zufolge ist eine neue Technik konstruktiv sehr früh festgelegt[8]. Im nächsten Schritt wird behauptet, dass sich aufgrund der frühen Härtung und der damit verbundenen Änderungsresistenz auch eine qualitativ schlechtere Technik durchsetzt, wenn sie politisch und organisatorisch nur entsprechend gefördert wird. Dies ist die technikgenetische These der Pfadabhängigkeit. Knapp gesagt behauptet sie, nicht das Bessere habe Erfolg, sondern das institutionell erfolgreich Gemachte werde erst zum Besseren. Damit kommt es zur Durchsetzung einer Technik, auch wenn technisch bessere Alternativen entwickelt werden. Das Hauptargument lautet dabei, vor allem der Staat, aber auch Organisationen könnten über die Selektionsmacht des Marktes hinweg steuern. Damit wird es für Bemühungen, die auf einen Ausstieg aus einem einmal angelaufenen Trajekt gerichtet sind, nahezu unmöglich, sich durchzusetzen machen. Als Beleg stößt man in der Literatur immer wieder auf ein Beispiel, das einen ähnlichen Rang eingenommen hat wie Winners Brücken-Beispiel: die Durchsetzung der heute üblichen Schreibmaschinentastatur QWERTY[9]. Hier ist es sozialwissenschaftlicher Common Sense geworden, ihre Durchsetzung nicht ihrer technischen Überlegenheit zuzurechnen, sondern frühen organisatorischen Weichenstellungen. Die Dvorak-Tastatur sei nämlich messbar besser und ermögliche eine Steigerung der Schreibgeschwindigkeit um 40 Prozent. So habe eine Studie der Navy während des Zweiten Weltkriegs gezeigt, dass sich die Kosten für die Umstellung auf die neue Tastatur binnen zehn Tagen amortisieren würden (Liebowitz 1998: 139). Dennoch entwickelte kein Produzent eine andere Tastatur als QWERTY. Denn alle kannten QWERTY, und umgekehrt lernte niemand DVORAK,

---

8 Das ist eine technikdeterministische Sichtweise, weil aus der Technikgenese auf Folgewirkungen extrapoliert wird und damit Eingriffsmöglichkeiten nur noch in Form verpasster Chancen thematisiert werden können (Weyer 1997: 130f.; vgl. Simonis 1998: 56).

9 Zur Darstellung und Kontroverse dieses Beispiels vgl. Liebowitz 1998; Heimer 1998; zum Erfolg und zur Änderungsresistenz der QWERTY-Tastatur aus feministischer Perspektive vgl. auch Buhr/Buchholz 1999.

weil es keine DVORAK-Tastaturen gab. So gewannen Sekretäre (vor hundert Jahren waren Sekretäre Männer!) Schnellschreibwettbewerbe auf der QWERTY-Tastatur und trugen zu ihrer schnellen Verbreitung bei[10].

3.3 Konsequenzen für die Techniksteuerung

Was aus den angestellten Überlegungen für die Frage nach der Steuerung technischer Entwicklung folgt, möchte ich in dreierlei Hinsicht konkretisieren: retrospektiv, technologiepolitisch und in Bezug auf die gesellschaftliche Funktion der Technikgeneseforschung.

Die Technikgeneseforschung verfügt vor allem über eine *retrospektive Stärke* (Weyer/Schmidt/Kirchner 1995; Joerges/Bechmann/Hohlfeld 1985; Schlese 1995). Gemeinsam mit der Technikfolgenabschätzung deckt sie ein Spannungsfeld ab, das von Organisationsberatung bis hin zur Formulierung politischer Handlungsempfehlungen (bzw. Vermeidungsstrategien) reichen kann. In der Retrospektive kann sie erklären, warum sich eine Technik gegenüber einer anderen durchgesetzt hat. Beispiele dafür sind Studien zur Schreibmaschine (Dierkes/Hoffmann/Marz 1992), zum Dieselmotor (Knie 1991) oder auch zum Telefon (Rammert 1993). Damit kann sie dafür sensibilisieren, dass eine Entwicklung auch ganz anders hätte verlaufen können. Dass beispielsweise vor einem Jahrhundert das Automobil durch den Bau einer entsprechenden Infrastruktur und die Entwertung von bisherigen Verkehrsmit-

---

10 Ein guter Testfall für die Überprüfung der Theorie der Pfadabhängigkeit könnte die Konkurrenz von Macintosh- und Windows-Oberflächen sein. Macintosh-Hersteller Apple hatte früher als Microsoft eine als nutzerInnenfreundlich geltende grafische Oberfläche entwickelt, konnte sich gegen Microsoft aber nicht durchsetzen. Schlimmer: Microsoft kopierte zentrale Bestandteile der Macintosh-Oberfläche und baute sie in die weniger nutzerInnenfreundliche Oberfläche von Windows ein. Für eine Erweiterung der Technikgeneseforschung um die bis in die späten neunziger Jahre vernachlässigte NutzerInnendimension vgl. Glatzer 1998; siehe auch Kap. 7.

teln politisch nicht nur durchgesetzt, sondern – über die Auflösung der Widerständigkeit regionaler Räume und einer rechtlichen Privilegierung – geradezu erzwungen werden musste: Gegenüber den damals herrschenden Transportsystemen Fahrrad und Eisenbahn hatte das Automobil kaum Vorteile aufzuweisen, die Anschaffungs- und Unterhaltskosten waren exorbitant hoch, es gab keine einheitliche Straßenverkehrsordnung, und Ende der zwanziger Jahre wurde in Deutschland schon wieder über das Ende der Automobilindustrie debattiert (Knie 1998: 38f.). Zu diesem Themenkomplex gehört auch, dass etwa der Ausbau des Autobahnnetzes gegenüber dem Schienennetz nicht zwangsläufig den Vorzug erhielt, sondern Ergebnis sozialer Entscheidungen war.

In diesem Sinn ent-selbstverständlicht die Technikgeneseforschung Denkgewohnheiten und liefert einen Gegenpol zu technikdeterministischen Denkweisen bzw. vorsichtiger: zur Legitimierung politischer oder ökonomischer Entscheidungen durch die Berufung auf Sachzwänge. Beispielsweise waren die Kehrseiten des Autoverkehrs schon sehr früh bekannt. Um 1910 gab es zwar noch nicht viele Autos, aber die Belästigung und Gefährdung der Verkehrsteilnehmer, die Umfunktionierung der Straße, die bis dahin vielen kommunikativen Zwecken gedient hatte, und die Entwertung der bis dahin bevorzugten Straßenwohnlagen registrierten bereits viele ZeitgenossInnen: „Ein ehemaliger Entwicklungschef von Daimler-Benz äußerte nicht ganz ohne Grund die Vermutung, daß, wenn es im 19. Jahrhundert schon Technology Assessment gegeben hätte, das Auto verboten worden wäre.“ (Radkau 1993: 188) Und die damalige Kritik der Raserei, der ungehemmten Expansion des Automobilismus und der unzulänglichen Berücksichtigung sozialer Folgekosten hat heute Eingang in politische Programme gefunden.

Ebenso waren schon in den fünfziger Jahren, als die zivile Kernenergienutzung in ihr Versuchsstadium trat, die meisten Risiken prinzipiell erkennbar: die Proliferationsgefahr, das Dilemma der Entsorgung, die Möglichkeit menschlichen Versagens und sich daraus ergebende Risiken von Explosionen und Lecks. Die Kernenergiekontroverse trug vor diesem Hintergrund dazu bei, das Programm der Technikfolgenabschätzung zu entwickeln und zu etablieren (Conrad 1994). Substantielle Wirkungen und praktische Konsequenzen hatte sie allerdings nicht – was man wiederum als Beleg für die Abgeschlossenheit und Intransparenz der Subsysteme Wissenschaft und Politik füreinander werten kann. So erstaunt es nicht, dass die Erfahrungen, die während der Kontroverse um die Kernenergie gesammelt wurden, in die Diskussion zur Gentechnik kaum eingeflossen sind (Radkau 1988). Im Gegenteil droht eine fundamentale Erkenntnis der Kontroverse wieder verloren zu gehen, nämlich das Bewusstsein gesellschaftlicher Entscheidungsfreiheit gegenüber technischen Entwicklungen.

Betont man die Nichtlinearität von Entwicklungen und ihre Abhängigkeit von den verschiedensten Rahmenbedingungen (sozial, technisch, geografisch, ökonomisch...), besteht der Sinn *technikpolitischer Ratschläge sozialwissenschaftlicher Herkunft* darin, die politischen Entscheidungsträger auf die begrenzte Wirkung direkter Eingriffe hinzuweisen, damit sie stattdessen Arenen für einen Interessenausgleich herstellen und institutionalisieren[11]. Die Aufgabe einer technikgenetisch reflektierten Technologiepolitik (Rammert 1993: 61f.) könnte vor diesem Hintergrund darin bestehen, erstens in der frühen Erzeugungsphase Optionen offenzuhalten, zweitens neben bereits wirkenden ökonomischen und gegebenenfalls militärischen Interessen auch Umwelt, NutzerInnen- und VerbraucherInneninteressen zu berücksichtigen und drittens die Existenz mehrerer Technisierungspfade nebeneinander nicht zu blockieren, um technische Monokulturen zu vermeiden. Vor allem der letzte Punkt ist freilich umstritten. Abgesehen von den hohen Kosten eines solchen Vorhabens ist es allerdings fraglich, ob die begrenzte Förderung konkurrierender Technologien für einen bestimmten Zeitraum tatsächlich Alternativen zum herrschenden Stand der Technik zum Zug kommen lässt (Knie 1991: 318).

---

11 Degele 1997a; Rammert 1993: 61f.; Rip/Misa/Schot 1995; Stirling 1998.

Was schließlich ihre *gesellschaftliche Funktion* angeht, befindet sich die Technikgeneseforschung in einer Zwickmühle. Ihr gelingt es nämlich nicht, die Lücke zwischen der Offenheit der Entwicklung und dem pragmatischen Interesse an Prognosen zu schließen. Die Technikgeneseforschung rekonstruiert, dass technische Entwicklungen in einer frühen Phase (durch Ingenieurs- und Wissenschaftskulturen) geprägt werden, dass sie aber nie abgeschlossen sind. Sie zeigt damit, dass und warum Genesephasen, beteiligte AkteurInnen und sozioökonomische, technische und kulturelle Rahmenbedingungen in nicht-trivialer, d.h. nicht mehr kausal eindeutig rekonstruierbarer Weise zusammenwirken. So sehr sich TechnikforscherInnen über einen solchen Erkenntnisgewinn freuen, so enttäuschend sind die Ergebnisse für Politik, Management und Sozialplanung. Hinsichtlich ihrer praktischen Wirksamkeit produziert die Technikgeneseforschung damit einen bestimmten Typus von Wissen, nämlich *Wissen um Nichtwissen*. Polemisch ausgedrückt: „Technikfolgenabschätzung heißt (aus der Perspektive der Technikgeneseforschung): ‚Was man nicht steuern kann, darüber muß man schweigen', und Technikgeneseforschung heißt dann: ‚Was man nicht steuern kann, darüber laßt uns reden.'" (Schlese 1995: 52)

Dies nun sollte kein Grund zur Resignation sein, sondern eher Ansatz für eine Umorientierung von der direkten zu einer kontextuellen Steuerung. Denn eher als um punktuelle Lösungen geht es um die Rationalisierung von Lösungs*verfahren*. Damit kann eine technikgenetisch informierte Technikforschung in die „Sachzwang-Diskussion" eingreifen: Rekonstruktiv erklärt sie, warum sich die jetzige Situation als „naturwüchsiger" Sachzwang darstellt, prospektiv erforscht sie Alternativen. Die sozialwissenschaftliche Technikforschung sollte ihre Einsicht in „Systeme des Nicht-Wissens" (Lachenmann 1994) also dazu nutzen, in die Rolle einer Moderatorin zu schlüpfen. Dazu ist sie in dreifacher Hinsicht prädestiniert: Erstens verfügt sie über die akademische Reputation, wissenschaftliche Bedingungen für eine politisch qualifizierte Auseinandersetzung herzustellen, zweitens sind ihre Kompetenzen und Forschungsgegenstände breit genug gelagert, um zwischen den Disziplinen zu vermitteln, und drittens hat sie die wissenschaftlich-kritische Vision, mit sozialwissenschaftlichen Mitteln der Technikbewertung einen aufgeklärten öffentlichen Diskurs zu provozieren und ihm Gehör zu verschaffen.

Mehr als aufklärerische Funktionen wird die Technikgeneseforschung im Kontext einer sozialwissenschaftlichen Technikforschung dabei freilich kaum wahrnehmen können. Denn die Übersetzung vom wissenschaftlichen in den praktischen Handlungszusammenhang ist mit mehr und wahrscheinlich auch schwierigeren Vermittlungsschritten verbunden als diejenige von der Technikfolgenabschätzung zur politischen Umsetzung. Darüber hinaus läuft die Technikentwicklung in unterschiedlich strukturierten Teilbereichen der Gesellschaft verschieden ab, und verschiedene soziale Akteure mit verschiedenen Orientierungsstandards und Machtpotenzialen sind neben- und nacheinander beteiligt. Bei der Bewertung von Technik müssen damit nämlich nicht nur verschiedene zeitliche Phasen mit ihren je spezifischen Dynamiken, sondern auch noch unterschiedliche Sachebenen mit ihren beteiligten Akteuren Berücksichtigung finden. Dies theoretisch zu fassen, ist Gegenstand des nächsten Kapitels.

4 Theorien der technischen Entwicklung

Technikgeneseforschung und Technikfolgenabschätzung stoßen als isolierte Disziplinen an Grenzen, weil ihnen – so die übereinstimmende Auskunft damit befasster TechnikforscherInnen – eine Theorie der technischen Entwicklung fehlt (Basalla 1989; Dosi 1982; Rammert 1993: 167-176). Dieses Theoriedefizit ist schmerzlich, weil es die Anschlussfähigkeit der Techniksoziologie an die Gesellschaftstheorie gefährdet (Joerges 2001). Eine solche Anschlussfähigkeit entscheidet sich auch an der Frage, wie es der Techniksoziologie gelingt, ihre gewonnenen Erkenntnisse zu einer Theorie des technischen Wandels zu verbinden (Asdonk/Bredeweg/Kowol 1994), die dann mit Theorien sozialen Wandels zu synchronisieren wäre. Eine solche Theorie müsste grundlagenwissenschaftliche und technische Entwicklungslinien historisch verfolgen sowie Selektionsumwelten wie Politik, Wirtschaft, Kultur, Krieg und Bevölkerungsentwicklung prognostizieren (Bühl 1995: 57). Bislang liegen dagegen nur einzelne Bausteine und Hypothesen zur internen Verlaufslogik der technischen Entwicklung vor, anthropologisch-technologische Hypothesen zur Substitution menschlicher Fähigkeiten, erfindungstheoretische Ansätze kreativer technischer Gestaltungsprozesse, politikwissenschaftliche Hypothesen zur wachsenden Bedeutung der Staatstätigkeit und – darauf gehe ich im Folgenden genauer ein – ökonomisch verwurzelte Ansätze im Kontext technologischer Paradigmen und der „Theorie langer Wellen".

Dazu will ich im ersten Schritt einige evolutionstheoretische Überlegungen der Makroebene den bisherigen mikrosoziologischen Befunden der Technikgeneseforschung zur Seite stellen (4.1). Sodann werde ich die „Karriere" von Technik in zeitlicher Hinsicht differenzieren (4.2). Am schwierigsten verhält es sich mit der sachlichen Zuordnung von Steuerungs- oder Entwicklungslogiken zu den einzelnen Phasen technischer Neuerungen: Welche Kräfte bestimmen maßgeblich die Phasen der Kreativität und Erfindung, Innovation und Diffusion (4.3)?

4.1 Makrosoziologische Evolutionstheorie

Konstruktivismus (vgl. 6.3) und Evolutionstheorie bilden zwei komplementäre Perspektiven auf die Entwicklung von Technik (Rammert 2000: 34-36). Die Technikgeneseforschung etwa ist konstruktivistisch inspiriert und fokussiert die frühe Entstehungsphase konkreter technischer Innovationen (3.2). Im Gegensatz dazu betonen VertreterInnen evolutionärer Makroansätze wie Richard Nelson und Sidney Winter (1977), Giovanni Dosi (1982), Leonardo Biondi und Riccardo Galli (1992), George Basalla (1989) und Reiner Grundmann (1994a) den kumulativen und rekombinativen Charakter technischer Neuerungen. Sie begreifen technische Entwicklung sowohl als offenen wie auch als strukturierten Prozess, bei welchem aufeinander folgende Selektionen für Kontinuität sorgen. Die Grundidee evolutionärer Ansätze besteht darin, biologische Evolutionsmechanismen wie Variation, Selektion und Stabilisierung auf das Soziale zu übertragen. So begreift der Technikhistoriker George Basalla (1989) die Evolution von Technik als Abfolge technischer Innovationen, wobei die Variation technischer Artefakte seiner Meinung nach der organischen Vielfalt entspricht. Beispiele dafür sind die Karosserie-Entwicklung beim Automobil oder auch die Ausdifferenzierung von Waffen australischer Aborigines (Grundmann 1994a). Problematisch bleibt bei solchen Versuchen freilich die Abgrenzung der Gattungen voneinander sowie die Lokalisierung von Variations-, Selektions- und Stabilisierungsmechanismen.

Jenseits der mitunter naiven Analogiebildungen, die Basalla konstruiert, begreift der Paläontologe André Leroi-Gourhan (1980) Technik als ein Medium der Differenzierung von zoologischer und sozialer Evolution. Seiner Auffassung zufolge wird die soziale Evolution ab einer bestimmten Stufe unabhängig von der physiologischen, „[...] die Hand setzt die Sprache frei." (Leroi-Gourhan 1980: 42) Damit löst sich der funktionale Zusammenhang, und beide Weiterentwicklungen verlaufen ko-evolutiv als „Exteriorisierung" manipulativer und kognitiver Leistungen. Gleichzeitig erzeugt Technik evolutionäre Irreversibilitäten bzw. „Sperrklinkeneffekte“ für die soziale Evolution (Halfmann 1996: 96). Sesshaftigkeit etwa ist eine Folge verbesserter Techniken des Jagens und der Vorratshaltung, was wiederum mit Effekten wie Bevölkerungswachstum und einer deshalb erforderlichen Mehrarbeit für den Getreideanbau einhergeht. Konflikte entstehen dann etwa zwischen sesshaften und nomadischen Stämmen, was in der Folge die Entwicklung von Festungsbauten und Verteidigungswaffen nach sich zieht. Solche Sperrklinkeneffekte distanzieren den Menschen immer weiter von den biologischen Mechanismen der Evolution. Technisierung ermöglicht also Arbeitsteilung und wachsende soziale Komplexität (Halfmann 1996: 91-108).

Mit dieser Prämisse der Abkopplung biologischer und sozialer Evolution kann man Technik als Medium sozialer Evolution oder Differenzierung verstehen. Technik greift dann in die soziale Entwicklung im Sinn eines wechselseitigen Steigerungsverhältnisses ein. Das heißt, „daß der technisch mediatisierte Differenzierungsgrad sozialer Systeme nur über die Variation, Selektion und Stabilisierung von bereits technisierten Segmenten sozialer Systeme weiter gesteigert werden kann.“ (Halfmann 1996: 99) So haben der Einsatz von Computern und die Möglichkeiten der Telekommunikation zu einer Differenzierung von Arbeitsformen beigetragen (Büro-, Telearbeit, Präsenz und/oder Erreichbarkeit bei und für KundInnen). Umgekehrt setzen dabei erreichte Standards neue Technisierungsspiralen in Gang, die wiederum differenzierende Wirkungen in sozialen Zusammenhängen nach sich ziehen können. Bezogen auf die bislang geführte Diskussion zu Sachzwängen und Optionen bedeutet das: Auch die Evolutionstheorie auf der Makroebene bildet einen Gegenpol zu technikdeterministischen Sichtweisen. Denn existierende Technik bietet vielfältige Möglichkeiten für weitere Anschlüsse, aber nur eine geringe Zahl wird aufgegriffen und passiert die sozialen Selektionsfilter.

Solche Prozesse verlaufen gleichwohl nicht völlig willkürlich und ungeordnet. Es lassen sich nämlich Muster herausfiltern, die den Gang der technischen Entwicklung zwar nicht als zielgerichteten, aber doch sinnvollen Prozess innerhalb eines ökonomischtechnischen Rahmens erscheinen lassen. Einen solchen Zusammenhang bietet das Modell der „fünften Welle“ oder „dritten industriellen Revolution“. Die Idee der „langen Wellen“ als Erklärungsmodell der wirtschaftlichen und technischen Entwicklung stammt bereits aus den zwanziger Jahren, von dem russischen Ökonomen Nikolai D. Kondratieff[1]. Er entwarf ein Zyklenmodell, das einen Zeitraum von ungefähr 50 Jahren umfasst. Seine Idee bestand darin, dass neue Basistechnologien in der Zeit eines wirtschaftlichen Abschwungs für eine Bündelung von Innovationsenergien sorgen und einen neuen Aufschwung – eine Welle – einleiten. Die Basistechnologien sind an typische Verfahren der Energie-Erzeugung und einen bestimmten Umgang mit Rohstoffen geknüpft. Nach diesem Modell erfolgen technologische Innovationen tendenziell in Schüben: Nach einer anfänglich großen Experimentierfreude und Konkurrenz bildet sich eine dominante Technologie heraus, die sich auf dem Markt durchsetzt. Die folgenden Serien technischer Verbesserungen unterliegen im Ausmaß ihrer Qualitätseffekte dann dem Ertragsgesetz: Sukzessive kleine Innovationen sorgen für sinkende Kosten, gesteigerte Verlässlichkeit und Standardisierung des Produkts.

In der gegenwärtig diagnostizierten fünften Welle ist die mikroelektronisch basierte Informationstechnik die neue *heartland technology* (Perez 1983): Miniaturisierung der elektronischen Bauelemente und Digitalisierung führen zu einer Reduktion der Kosten, zur Steigerung der Performanz und Durchdringung immer mehr gesellschaftlicher Bereiche[2]. Beim dabei postulierten Übergang

---

1 Vgl. dazu Kondratieff 1926; Bühl 1995: 55f.; Mensch 1975; Nefiodow 1990; 1996. Zu den Schwierigkeiten der statistischen Umsetzung und der Datierung der Übergänge (Kondratieff selbst räumte eine Fehlerspanne von rund 7 Jahren ein) vgl. Dordick/Wang 1993: 29; Freeman 1993: 624.

2 Inzwischen scheint mit psychosozialen Innovationen zur Erschließung der seelischen Potenziale des Menschen eine sechste Welle anzubrechen. Eine Synergie von Umwelttechnik, optischer Technologie, In-

von der Güterproduktion zur Wissenserzeugung handelt es sich um die erste globale Revolution, weil sie fast überall und in einem kurzen Zeitraum stattfindet. So ändert sich gegenwärtig nichts so schnell wie die Vernetzungspotenziale der Kommunikation (nicht einmal die Bevölkerungszahlen). Die Kapazitäten nehmen alle zwei bis drei Jahre um den Faktor zehn zu. Industrielle Innovationen bezogen sich traditionellerweise entweder auf Produkte, auf Prozesse oder Management. Durch die Informationstechnik erfolgen sie nun simultan. Informations- und Kommunikationstechnologien verdichten mit anderen Worten Produktions- und Verwendungszusammenhänge und machen sie flexibler. Das kann man auf die Formel der Globalisierung der Märkte bei gleichzeitiger Dezentralisierung der Produktion bringen. Eine effizientere Ausnutzung der Ressourcen führt dann zu einer tendenziellen Entmaterialisierung der Produktion, und auch in der industriellen Erzeugung dominieren zunehmend Arbeitsplanung und -vorbereitung, Marketing, Logistik, Finanzierung usw. (vgl. dazu die Ausführungen in 10.1).

Während die ökonomisch verwurzelten Kondratieffschen Wellen selegierende (negative) Rahmenbedingungen bei der Entwicklung von Technik benennen und damit die gesamtgesellschaftliche Durchschlagskraft von Informations- und Kommunikationstechnologien in der Gegenwart plausibel machen, tun sich anthropologisch ausgerichtete Evolutionsmodelle ungleich schwerer. So unterscheidet Hans Popitz (1995) sieben Epochen der Technikgeschichte (von 500.000 v. Chr. bis zur Gegenwart), die er mit spezifischen Leistungen verknüpft. Diese beginnen mit Werkzeugen zur Schaffung von Produktionsmitteln und reichen bis hin zur Elektrizität als Transformations- und Transportmedium für Energie und Information. Fundamentale (Basis)Technologien erschließen dabei eine neue Ebene der Machbarkeit und damit einen neuen Modus

formationsverarbeitung, Medizin und Biotechnologie werde dabei über das Thema Gesundheit hergestellt und das „Knappheitsfeld" Kooperation erschlossen (Nefiodow 1996: 95-117).

des technischen Handelns. Eine solche Beschreibung der menschlichen Entwicklung als zwangsläufige Geschichte des technischen Fortschritts zu immer effizienteren Werkzeugen hin ist technikdeterministisch, denn sie lässt keine Wahlmöglichkeiten und ebnet geschichtliche Brüche und Verzögerungen ein: Fundamentale Technologien ziehen gesellschaftliche Korrelate mit universaler Bedeutung nach sich, „[s]ie setzen sich systeminvariant durch, erweisen sich als geschichtlich dauerhaft und breiten sich weltweit aus.“ (Popitz 1995: 40) Der Vielfältigkeit technischer Entwicklungslogiken ist damit nur schwer auf die Spur zu kommen.

4.2 Phasen und Modelle technischer Entwicklung

Welches sind nun aber auslösende Mechanismen technischer Entwicklungen? Wie sieht es mit der Karriere von Technik von der Entdeckung bis zu ihrer Umsetzung und Nutzung aus? Eine beliebte Vorstellung besagt, dass Invention, Innovation und Diffusion geradlinig verlaufen (vgl. Felt/Nowotny/Taschwer 1995: 187-194; Zeilhofer 1995: 101-104). Nach einem solchen linearen Modell entdeckt die Grundlagenforschung, die Anwendungsforschung erfindet, Labors entwickeln ein funktionierendes Produkt, und Betriebe bringen es dann auf den Markt. Der Prozess technischer Entwicklung vollzieht sich danach sequentiell über die Phasen der Grundlagenforschung, der angewandten Forschung, der Entwicklung, Innovation und schließlich der Diffusion. Idealtypisch sind diesen Phasen verschiedene Inhalte zugeordnet: Die *Grundlagenforschung* befasst sich mit der von ökonomischen Zwecken und anderen Interessen weitgehend freien Wissensgewinnung; die *angewandte Forschung* verschreibt sich der Schaffung neuer oder der Verbesserung alter Produkte und Produktionsprozesse; die *Entwicklungstätigkeit* basiert auf den beiden vorhergehenden Stufen, findet vor allem in der Industrie statt und zielt auf marktfähige Produkte; die *Innovation* als die erste (ökonomische) Anwendung der Ergebnisse der vorangegangenen Phasen stellt den eigentlichen technischen Fortschritt dar, und in der Phase der *Diffusion* schließlich verbreitet sich das Produkt über die gesamte Gesellschaft.

Dieses Modell dominierte über lange Zeit. Es war von einem Planungsoptimismus getragen, der von den ersten staatlichen Großforschungsprojekten der vierziger Jahre (z.B. dem Manhattan-Projekt) bis hin zu sozialreformerischen Programmen der sechziger und siebziger Jahre reichte. Technik erschien als Prozess, der einer sequentiellen Entwicklungslogik folgt, politisch verstärkt oder behindert, nicht aber grundsätzlich gesteuert werden kann (Weyer 1997: 125). Dieses politisch-technokratische Planungsmodell hatte jedoch Schwächen. Nicht nur bestätigte es sich empirisch nicht (z.B. bei der Raketentechnik und Kernenergie). Es erwies sich auch als unzureichend, weil es ganz auf wirtschaftliche und soziale Auswirkungen von Technik, nicht aber auf ihren Entstehungsprozess gerichtet war: Indem es technischen Wandel aus der Innovationsfähigkeit der Naturwissenschaften zu erklären versuchte, operierte es monokausal. Politische, militärische und kulturelle Eingriffe schloß das Modell in den frühen Phasen weitgehend aus. Wie die Schwierigkeiten der Technikfolgenabschätzung aber gezeigt haben, kann ein solchermaßen verkürztes Modell weder erklärenden noch prognostischen Ansprüchen genügen.

Warum beispielsweise wurden digitale Computer in der zweiten Hälfte des zwanzigsten Jahrhunderts erfunden, obwohl ihre grundlegenden Prinzipien schon mehr als hundert Jahre vorher verstanden waren? Warum fand die rasche Entwicklung der Fotografie im 19. Jahrhundert statt? Denkt man an die Geschichte technischer Innovationen, dann vor allem an revolutionäre Durchbrüche: Das elektrische Licht machte die Nacht zum Tag, die Entdeckung von Penicillin ermöglichte die Behandlung von bakteriellen Infektionskrankheiten und veränderte damit fundamental den medizinischen Alltag. Solche revolutionären Veränderungen sind dann an bekannte Erfinderpersönlichkeiten wie Alexander Graham Bell, Alexander Fleming oder Werner von Siemens gekoppelt. Die Technikgeschichte erscheint damit als eine Ansammlung von Genies, die ihre Entdeckungen auf den Markt brachten. Im Gegensatz zu einer solchen heroisierenden Perspektive ist der „scheibchenweise“, inkrementelle Fortschritt, hinter dem unbekannte (Gruppen von) TüftlerInnen stehen, viel entscheidender (Volti

1995: 36f.): Inkrementeller Wandel ist Ergebnis eines Lernprozesses, der sich auf die Erfahrungen mit Technik in der Praxis bezieht. Hier sind es kleine Verbesserungen, die sich dann zu grundlegenden Innovationen kumulieren. Ein Beispiel dafür ist die schrittweise Entstehung des Dampfboots im 19. Jahrhundert (vgl. Rosenberg 1982: 62-70).

Der kommerzielle Erfolg einer Technologie kann auch die Entwicklung komplementärer Technologien stimulieren. Entwicklungen in einer Industriebranche bereiten dann den Weg für signifikante Fortschritte in anderen Branchen (Rosenberg 1982: 60f.; Volti 1995: 41). So basiert der Werkzeugmaschinenbau zu weiten Teilen auf der rekursiven Erweiterung technologischen Wissens: Im 19. Jahrhundert hatte er eine wichtige Transmitterfunktion für technische Verfahren eingenommen, weil weitere Industrialisierungsprozesse zunehmend metallbearbeitende Techniken verwendeten. Die Universalität der zur Metallverarbeitung eingesetzten Verfahren nun ermöglichte, diese von einem Produktbereich auf den anderen zu übertragen, von der Produktion von Feuerwaffen auf die Herstellung von Nähmaschinen und daraufhin auf die Fahrradindustrie und schließlich bis zur Automobilindustrie: „Die technologische Konvergenz resultierte aus der kumulativen Wirkung einer Vielzahl kleinerer Innovationen und aus der Neukombination bestehender Verfahren." (Asdonk/Bredeweg/Kowol 1994: 72)

Verfolgt man unter dieser Perspektive die Entwicklung der Automobilherstellung, so machten gesetzliche Auflagen zur Begrenzung von Schadstoffemissionen den Einsatz von Mikroprozessoren und Computern erforderlich, die wiederum Fortschritte bei der Regulierung der Zündung und des Treibstoffgemischs ermöglichten. Auch hier lässt sich der Zusammenhang von technischem und sozialem Wandel wieder als wechselseitiges Steigerungsverhältnis beschreiben. Technikbranchen ziehen aus grundlegenden Errungenschaften anderer ihren Vorteil, die zum großen Teil auf die Errungenschaften der metallverarbeitenden Industrie zurückgehen. So profitierte die frühe Automobilindustrie in erheblichem Maß von Produkten der Fahrradindustrie wie Kugellagern und Fahrradketten.

Um eine gute Idee in ein vermarktungsfähiges Produkt zu transformieren, ist viel Entwicklungsarbeit erforderlich und das heißt: viel nicht sehr prestigeträchtiges *scaling up*. Penicillin bietet dafür ein gutes Beispiel (Volti 1995: 38): Dieses Fermentierungsprodukt des Schimmelpilzes *Penicillium notatum* hatte 1928 Alexander Fleming entdeckt. Am Ende des Entwicklungsprozesses (er fiel mit dem Ende des Zweiten Weltkriegs zusammen) erreichte die Produktion von Penicillin eine Menge von 650 Millionen Dosiseinheiten. Die Kosten einer Dosis betrugen 55 Cent statt 20 US-Dollar noch drei Jahre zuvor. Umgekehrt können auch technisch überlegene Produkte scheitern, wenn die kulturellen Nutzungsgewohnheiten nicht mit ihnen korrespondieren. Beispielsweise erhöhten Bauern in New-Mexico Ende der vierziger Jahre ihre Produktion von Mais mit hybridem Korn erheblich, kehrten nach zwei Jahren aber wieder zu der alten Produktionsmethode zurück, weil die Tortillas nicht so gut formbar waren und auch weniger gut schmeckten (Volti 1995: 42).

Bringt man diese Beispiele in einen theoretischen Kontext, so stehen sich zwei Erklärungsmodelle gegenüber. Das eine ist das Modell des *technology push* (Induktion durch Technik), das andere des *demand pull* (Nachfrageorientierung). Ersterem zufolge entsteht Technik mehr oder weniger zwangsläufig aus einer wissenschaftlich-technischen Logik heraus und schafft sich durch ihre bloße Existenz bereits die entsprechende Nachfrage. Dieses Modell ist mit technikdeterministischen Annahmen weitgehend kompatibel. Markt- bzw. nachfrageorientierte Ansätze dagegen postulieren Bedürfnisse, die der Markt erkennt und umsetzt. Prämisse dabei ist die prinzipielle Möglichkeit, die Richtung, in die der Markt seine Innovationsaktivitäten steckt, a priori zu kennen.

Für den ersten Ansatz (*technology push*) spricht, dass bei vielen Technologien anfangs noch überhaupt nicht klar war, wofür sie überhaupt Verwendung finden sollten (Volti 1995: 45f.). In den späten dreißiger Jahren beispielsweise sahen Büros keinerlei Bedarf für Chester Carlsons Erfindung des Xerox-Kopierers; mit Alexander Graham Bells Telefon verbanden zeitgenössische Techniker die Vision der Opernübertragung in die privaten Wohnungen und Häuser; zu Thomas Edisons Phonograph kursierte das Nutzungsszenario, damit die letzten Worte von Sterbenden aufzuzeichnen; das Radio galt als technische Möglichkeit, die Theorie elektromagnetischer Wellen nach James Clerk Maxwell zu testen. Und als Howard Aiken in den fünfziger Jahren Computer auf den Markt brachte, hieß es, ein halbes Dutzend Rechenmaschinen ausschließlich für die Wissenschaft würden ausreichen. Technikentwicklung ist also nicht unbedingt das Ergebnis einer bereits existierenden Nachfrage. Auf der anderen Seite weisen vor allem empirische Befunde der Innovationsforschung darauf hin, dass vom Markt inspirierte und von der Nachfrage ausgehende Innovationen (*demand pull*) signifikant häufiger im Markt eingeführt werden, technologie-induzierte Entwicklungen sind dagegen seltener oder erst mit zeitlicher Verzögerung erfolgreich (Müllers 1987: 5-7; Schmookler 1966). So waren einige Techniken ihrer Zeit voraus (Volti 1995: 43): Luftgefüllte Schläuche für Reifen waren 1845 patentiert und dann bis 1888 vergessen worden, als John Dunlop sie zum zweiten Mal erfand. DDT wurde 1874 erstmalig synthetisiert, aber erst 1941 eingesetzt. Und was die Lasertechnologie angeht, vergingen einige Jahrzehnte, bis der Weg von dieser Laborkuriosität zu einem praktischen Gerät wie dem Supermarktscanner oder zu Instrumenten in der Mikrochirurgie führte.

Auch das Alternativmodell des *demand pull* enthält einige Probleme (Volti 1995: 49-52). Erstens stellt es technischen Wandel als reaktiv dar und kann ein Mehr oder Weniger an Diffusion nicht erklären. Ebenso wenig macht es den Zeitpunkt und Grund einer bestimmten Entdeckung und auch nicht den ständigen Wandel der Innovationskapazitäten begreiflich, der nicht mit sich wandelnden Marktbedingungen in Übereinstimmung zu bringen ist. Für die Schwächen des Modells gibt es mehrere Gründe: Zwar rahmen ökonomische Faktoren die Gestalt des Innovationsprozesses (Wirtschaftswachstum, Verteilung des volkswirtschaftlichen Einkommens, relative Preise). Aber nicht allein der Markt befördert technischen Fortschritt, auch Regierungen sind maßgeblich daran beteiligt (zu „grünen“ Technologien vgl. Kemp/Soete 1992). Medizinische und militärische Innovationen folgen ebenfalls ihrer eigenen Logik mit wenig Rücksicht auf monetäre Gewinne. Und schließlich tauchen NutzerInnen lediglich in idealisierter Form auf (wenn überhaupt), indem sie mit der Innovation wie von den EntwicklerInnen intendiert umgehen (vgl. 7.1).

Weder das Modell des *technology push* noch des *demand pull* reicht aus. Alternativen sind Modelle eines mehrstufigen Prozesses der sozialen Konstruktion von Technik mit dem Fokus auf rekursive Innovationen (Asdonk/Bredeweg/Kowol 1994); auf die rekursive Aneignung von Technik (Degele 1997b) oder auch auf vernetzte Innovationen (Weyer 1997) bzw. Innovationsnetzwerke (Rammert 2000: 174-189). Sie gehen allesamt davon aus, dass sich technische Entwicklungen allgemein und Innovationen speziell nicht linear durchsetzen. Stattdessen sind sie durch zahlreiche Rückkopplungsschleifen, Iterationen und Überschneidungen gekennzeichnet. Das bedeutet, dass unter Bedingungen der zunehmenden Verwissenschaftlichung der Technik einerseits und der gleichzeitigen Technisierung von Wissenschaft andererseits (Weingart 2001) Technik und Wissenschaft allgemein sowie Technikentwicklung und -anwendung speziell gar nicht mehr deutlich unterschieden werden können – modernisierungstheoretisch ist dies ein Fall von Entdifferenzierung (vgl. Kap. 8).

4.3 Pfade, Logiken und Selektionen

Diese Überlegungen kann man in eine evolutionstheoretische Perspektive einbetten. Dazu eignen sich evolutionäre Trichtermodelle, wie sie vor allem in der Technikgeschichte und -ökonomie (Basalla 1989; Nelson/Winter 1977; Dosi 1982) entwickelt und dann auf eine sozialwissenschaftliche Konzeption technisch-sozialen Wandels übertragen wurden (Rammert 1993: 174f.; Weyer 1997). Sie bieten eine Alternative zu reduktionistischen Modellen, weil sie Einflussfaktoren wie Stand der wissenschaftlichen Forschung und technischen Entwicklung, ökonomische Rahmenbedingungen, Nachfrageverhalten und kulturelle Orientierungen phasenspezifisch verorten. In den verschiedenen Phasen kommen dabei verschiedene Steuerungsfaktoren bzw. „Entwicklungslogiken" zum Tragen. Dabei kann man Logiken der System- wie der AkteurInnen unterscheiden. Was die Systemlogiken betrifft, kann man die Logik des technischen Fortschritts, der menschlichen Gattungsentwicklung, der ökonomischen Verwertung, der Herrschaft und Kontrolle sowie der kulturellen Leitbilder unterscheiden. Als AkteurInnen mit ihren je spezifischen Logiken kommen der Staat, soziale Bewegungen, Wirtschaftsunternehmen und Wissenschaft in Frage (Rammert 1993: 154-167).

So gehen auch Ökonomen wie Nelson/Winter (1977) und Dosi (1982) von der Prämisse aus, dass Innovation als ein Prozess der Bewältigung von Unsicherheit zu fassen ist, dass die institutionellen Rahmenbedingungen komplex sind und je nach Sektor enorm divergieren. Danach entwickeln Firmen im Rahmen ihrer Innovationstätigkeit Routinen, die den Beteiligten die Last der beständigen (Neu)Aushandlung und Entscheidung abnehmen (vgl. 3.2). Die Palette der verfügbaren Routinen bildet dabei die „genetische" Ausstattung einer Organisation. Wie Gene sind sie Umweltbegrenzungen ausgesetzt und werden selegiert oder verworfen. Selegierender Faktor ist vor allem der Markt, dazu treten staatliche Politik und alle Formen institutioneller Arrangements. Der zur genetischen Mutation analoge Mechanismus ist Innovation. Innovationsaktivitäten folgen Heuristiken, die wiederum auf Strukturen basieren, dennoch sind die Ergebnisse nicht prognostizierbar. Firmen verfügen also über „Suchroutinen", die auch zu Modifikationen existierender Routinen führen können. Als zusätzlichen Strukturierungs- oder Routinisierungsfaktor für technische Entwicklungen unterstellen Nelson/Winter ein „Regime" und Dosi ein „technologisches Paradigma". Das Musterbeispiel für ein solches Regime ist das „Douglas DC-3 Modell" der dreißiger Jahre, das das Design von Flugzeugen für mehr als zwei Jahrzehnte orientiert und in prognostizierbare Bahnen gelenkt hat: ein Metallüberzug, tief am Rumpf angesetzte Flügel und Kolbenmotor (vgl. 3.2). Flugzeugingenieure hielten lange an diesen Prinzipien fest, und Innovationen bewegten sich in diesem vorgegebenen Rahmen technologischer Trajekte.

Problematisch ist dabei freilich die implizite Vorstellung einer Gerichtetheit der technischen Entwicklung. Unklar ist weiter, warum Nelson/Winter (1982: 275-351) die organisatorischen Routinen als Teil der organisatorischen Umwelt behandeln. Die Autoren fragen auch nicht danach, woher die Routinen eigentlich kommen (Belt/Rip 1987). Die Analogie mit der biologischen Evolution endet hier nicht zuletzt auch deshalb, weil menschliche Akteure mit Intentionen ausgestattet sind: Sie treffen Entscheidungen und antizipieren die ihres Gegenübers. Die Annahme einer von technologischen Trajekten unabhängigen, selegierenden Umwelt ist damit in dieser Schärfe nicht haltbar.

Ein Gewinn des Modells von Nelson/Winter besteht jedoch in der Erkenntnis, dass Innovationen im Verlauf ihrer Karriere immer weniger beeinflussbar sind (Rammert 1993: 167-176; Nowotny 1987). Dies ist kompatibel mit dem technikgenetischen Ansatz und dabei vor allem mit der These der Pfadabhängigkeit, es ist jedoch weniger deterministisch konzipiert: Zu Beginn sind Entwicklungen noch stark wissenschaftlich gesteuert, dann kommen weitere Selektionsfaktoren ins Spiel, und die Innovation gewinnt Kontur. Es entstehen „Locked-in-Technologien" wie die QWERTY-Tastatur, die keine weiteren evolutionären Veränderungen mehr zulassen (vgl. 3.2). Technologien bündeln sich nach der erfolgreichen Durchsetzung also zu „technologischen Trajektbahnen" mit erheblicher Eigendynamik, weshalb ein späteres Wegkommen und eine Kontrolle nur schwer möglich sind. Die Phasen müssen nicht deterministisch aufeinander folgen, denn es finden mehrfache Rückkopplungen statt. Auch geht das Modell von Nelson/Winter mit der technikgenetischen Annahme konform, dass die Phasenübergänge durch kritische Hürden gekennzeichnet sind (Weyer 1997). Etwas konkreter lässt sich die soziale Dynamik der Technik in drei zeitliche Abschnitte fassen, in denen spezifische Leistungen erbracht werden müssen, nämlich die Phasen der Entstehung, Stabilisierung und Durchsetzung (Weyer 1997). Der Prozess der

Technikentwicklung endet dabei erst bei der Bewährung auf dem Markt und der Anwendung bei den NutzerInnen (vgl. Kap. 7).

Die *Entstehungsphase* ist durch Kreativität, Abweichung von Bestehendem und die Schaffung von Neuem gekennzeichnet. Kreativitätsfördernde Bedingungen werden zwar theoretisiert (Bühl 1974; Amabile 1990), jedoch ist diese frühe Phase der technischen Entwicklung weitgehend von Zufällen abhängig, die von außen kaum steuerbar sind. *Serendipities* spielen hier eine entscheidende Rolle (Andel 1992). Dies sind unerwartete Vorkommnisse ohne Verbindung zur ursprünglichen Fragestellung, die aber neue Perspektiven eröffnen: Beispielsweise steht eine Beobachtung in Widerspruch zu bekannten Fakten, regt aber dazu an, nach einer passenden Lösung zu suchen. In diese Kategorie gehören erfolgreiche Irrtümer. Klassisch ist dabei die erfolglose Suche einer Forschergruppe nach einem Extremklebstoff, um das Material der Tragflächen von Flugzeugen miteinander zu verbinden. Stattdessen schufen sie einen Leichtkleber, der durch die „Post-it-Notizzettel" den Markt eroberte und Karriere machte (Degele 1997b). Die entscheidende Leistung der Entstehungsphase besteht in der Ausbildung technischer und sozialer Konstruktionsprinzipien, die über die Innovation hinaus stabil bleiben. Die soziale Kernfiguration lässt sich dabei auf den Begriff des Leitbilds bringen (vgl. 3.2). Hier geht es um antizipierte Nutzungsvisionen, die die Such- und Problemlösungsstrategien der TechnikentwicklerInnen steuern. Beim Personalcomputer ist das etwa die offene Architektur, die für individuelle NutzerInnen konzipiert ist und eine Vielzahl von Herstellern zulässt. Beim Transrapid bildet ein spurgeführtes, aber berührungsfreies Hochgeschwindigkeitstransportmittel für Punkt-zu-Punkt-Verbindungen als Alternative zu bestehenden Verkehrsmitteln den technischen Kern (Weyer 1997).

Bedeutet Kreativität die Hervorbringung neuer Ideen, so heißt Innovation, damit Geld zu verdienen. In dieser *Stabilisierungsphase* geht es darum, Handlungsstrategien durchweg heterogener Akteure so miteinander zu verkoppeln, dass eine technische Entwicklung die Chance hat, sich auf dem Markt zu bewähren. Hier wird der technische Entwickler zum *heterogenous engineer* (Law 1987), der Managementkompetenzen und politisches Geschick in Anschlag bringen muss, um beispielsweise die Elektrifizierung Amerikas (Hughes 1979), das Penicillin (Latour 1987) oder den Dieselmotor (Knie 1991) durchzusetzen. Netzwerke bilden sich (oder werden von Erfinder-Unternehmern gebildet), um visionäre Projekte auch über Durststrecken hinweg am Leben und in der Diskussion zu halten. Wie mit dem Übergang zur Stabilisierungsphase Amateure und Bastler sich zu Konstrukteuren und Organisatoren funktionierender Netzwerke mausern und damit als strategiefähige, berechenbare und verläßliche Akteure auftreten, zeigt das Beispiel des Personalcomputers (Weyer 1997). Dessen Stabilisierung erfolgte dadurch, dass sich ein soziales Netzwerk in Form unabhängiger Komponentenlieferanten um das Unternehmen Apple gruppierte und den Entstehungskontext der Garagenbastler in eine auf Gewinn hin orientierte Unternehmensorganisation überführte. Die Erfolgsgeschichte der Computerpioniere der frühen achtziger Jahre ist damit nicht die einsamer Helden, sondern das Ergebnis von Teamarbeit und Netzwerkbildung (Doheny-Farina 1992). Diese Phase ist durch eine Leistungssteigerung (vgl. 1.2) gekennzeichnet, die durch eine Verringerung der informationellen Offenheit erreicht wird. Dabei findet eine Konzentration auf Schlüsselprobleme statt. Dies reduziert Unsicherheit und grenzt den Möglichkeitsraum der weiteren technischen Entwicklung ein: Die verschiedenen Varianten einer Magnetschwebebahn, eines Kernreaktors, eines Mittelstrecken-Großraumflugzeugs (Airbus) oder auch eines Personalcomputers werden auf eine erfolgversprechende Option reduziert und zugunsten eines Prototyps selegiert.

In genau diesem Sinn produzieren Netzwerke Anschluss- bzw. Folgezwänge, wie sie technikgenetische Arbeiten betonen, aber auch verabsolutieren: So war die Einführung der Kernenergie als Energiequelle anfangs nicht wirtschaftlich begründet, sie war keine Antwort auf einen energiewirtschaftlichen Bedarf (Radkau 1992). Im Gegenteil kam das erste bundesdeutsche Atomprogramm (1957) zu der Zeit zustande, als die erste große Absatzkrise der Kohle begann. Energiepolitik managte damals nicht einen

Mangel, sondern ein Überangebot an Energieträgern. Dennoch setzte sich die Kernenergie durch und provozierte damit die entsprechenden Anpassungen der Infrastruktur. Um bei diesem Beispiel zu bleiben: Die Kerntechnik galt als das höchste Niveau einer verwissenschaftlichten Technik, der Bau von Brütern und Hochtemperaturreaktoren als Innovationen schlechthin. Duchgesetzt haben sich aber tatsächlich Leichtwasserreaktoren, die wissenschaftlich anspruchslos waren und ingenieurtechnisch am ehesten dem Modell traditioneller Dampfkraftwerke nachempfunden werden konnten. Mit der Entscheidung für den Leichtwasserreaktor standen nun weniger Ressourcen für konkurrierende Konzepte zur Verfügung, aber es handelte sich keineswegs um den einzigen oder entscheidenden Engpass.

Systemtheoretisch lässt sich diese Phase gut mit dem Begriff der Resonanz (Luhmann 1986) fassen: Eine technische Innovation wird von unterschiedlichen Teilsystemen verschieden absorbiert. Entscheidet man sich beispielsweise dafür, überhöhtes Verkehrsaufkommen in Innenstädten mit Verkehrsleitsystemen statt mit Fahrverboten zu lösen, so spricht eine solche Innovation verschiedene Teilsysteme bzw. Systemlogiken an: Die wissenschaftliche Informatik kann ihre Reputation erhöhen, Automobilhersteller locken mit neuen elektronischen Schnickschnacks, Ölkonzerne müssen nicht umdenken, die VerbraucherInnen nicht auf Bus oder Fahrrad umsteigen, und die PolitikerInnen gewinnen mit solchen Lösungen WählerInnenstimmen. Technische Innovationen müssen mit anderen Worten bei den verschiedensten AkteurInnen und Teilsystemen anschlussfähig sein, und dafür sind die entsprechenden Koalitionen und Allianzen häufig erst einmal zu schaffen. Am Ende steht ein funktionierender Prototyp, für den nun die Bewährungsprobe auf dem Markt ansteht.

In der *Durchsetzungs- oder Diffusionsphase* nimmt der Markt eine Innovation an. Dieser muss jedoch häufig erst einmal geschaffen werden. Dazu sind wieder Netzwerke erforderlich, denn Mechanismen der Nachfrage- oder Angebotsinduktion allein greifen zu kurz: Die Technik ist häufig noch nicht ausgereift, damit besteht noch kein überzeugendes Angebot, und potentielle NutzerInnen müssen sich auf das Risiko des Neuen einlassen. Das fällt vor allem dann schwer, wenn eine existierende Technik zuverlässig funktioniert oder sich auf dem Markt durchgesetzt hat (so z.B. das Betriebssystem MS-DOS bzw. Windows von Microsoft). Existiert die entsprechende Nachfrage also noch nicht, so sind hier wieder Netzwerke bzw. PionierInnen gefragt, die eine Verbreitung in Gang bringen (Rogers 1983). Im Fall des Airbus beispielsweise begannen vor allem Luftverkehrsgesellschaften eine dominante Rolle im bereits existierenden Netzwerk zu spielen. Oder aber es entstehen neue Netzwerke wie im Fall des Personalcomputers, für den IBM mit seinem Image als führender Hersteller von Bürogeräten das Büro als weltweiten Massenmarkt erschloß und damit völlig neue Bedarfsstrukturen schuf. IBM setzte die Standards, verringerte so Unsicherheit und brachte damit den Siegeszug des Computers als eigendynamischen Prozess ins Laufen (Weyer 1997: 143). Die zentrale Leistung der Netzwerke besteht hier darin, den Kreis der AkteurInnen zu erweitern, so dass die prospektiven NutzerInnen einbezogen werden (vgl. Kap. 7). Ein solches Entwicklungsmodell lässt sich schließlich wieder mit dem frühen Entstehungskontext rückkoppeln: Auch die Aneignung von Innovationen ist ein kreativer Akt, der in das zukünftige Design und in Folgeversionen etwa von Computern und Software zurückfließt (Degele 1997b).

Was bislang nicht thematisiert wurde, sind die Bedingungen für die Stabilität und den Wandel von Technik (Biondi/Galli 1992). Dazu nennt Gerd Fleischmann (1998: 19-31) innertechnologische Krisen bzw. Grenzen als Ursache für Entwicklungsgrenzen von Trajekten (wenn beispielsweise keine weitere Miniaturisierung möglich ist, etwa bei Handys oder Siliziumchips). Ebenso ist der Investitionsgütersektors heute nicht mehr uneingeschränkter Trendsetter der technischen Entwicklung: Während Schreibmaschinen, Fotoapparate, Nähmaschinen, Kühlschränke und Computer zuerst für Anwendungen im gewerblichen Bereich vorgesehen waren, um sich zu amortisieren, könnte sich nun das *intelligent home* zum Leitbild auch für Zweckbauten mausern. Schließlich können übergreifende technologische Paradigmen als Ursache für die Verlängerung von Krisen in anderen Bereichen wirken. So stellten *heartland technologies* (Perez 1983) wie die Dampfkraft, Elektrizität oder Mikroelektronik massive Herausforderungen für existierende Industriezweige und Produktionsweisen dar. Beispielsweise hat die Mikroelektronik nicht nur die Rechnertechnologie revolutioniert, sondern praktisch alle Anwendungsgebiete, in denen Elektrizität eine Rolle spielt (vgl. 5.2, 5.3, 10.1). Das Trajekt der Mikroelektronik hat viele andere in die Krise gebracht und Beschäftigte arbeitslos gemacht (so etwa Setzer in Druckereien), aber auch alternative Lösungsansätze eröffnet (neue Wege der Telekommunikation und Informationsverarbeitung in Organisationen, von Versorgungs- und Informationsnetze im privaten Haushalt, elektronisch gesicherte Zahlungs- und Zugangssysteme). Wie nun Technik die Welt der Arbeit verändert hat und umgekehrt Arbeit Technik prägt, ist Thema des nächsten Kapitels.

Teil 2
Techniksoziologische Theorien der Gegenwart

5 Technik und Ökonomie: Arbeit, Produktion und Kapitalismus

Die Arbeit ist diejenige Sphäre, die den Zusammenhang von Technik und Gesellschaft vielleicht am deutlichsten zum Ausdruck bringt. Denn die Geschichte der Menschheit ist auch eine Geschichte der Selbstreproduktion mit Hilfe von Technik. Dies ist *ein* Grund, der für eine Annäherung an Technik über den Zusammenhang von Arbeit, Produktion und Kapitalismus spricht. Ein *zweiter* Grund für die Wahl von Arbeit als zentralem Faktor der technisch-sozialen Entwicklung ist ihre Bedeutung für techniksoziologische Theorien der Gegenwart. *Drittens* lassen sich Gesellschaftstheorie und Techniksoziologie über diesen Themenkomplex geradezu beispielhaft verbinden. Denn modernisierungstheoretisch formuliert stehen Technik und Arbeit in einem Steigerungsverhältnis. Auf den ersten Blick sieht es zwar so aus, als habe die Technik die Arbeitslast substantiell verringert. Auf den zweiten Blick aber ist es zu einer enormen Zunahme an Arbeit gekommen (Shor 1992): Technik schafft eine Erleichterung bei der Bewältigung des alltäglichen Lebens, produziert damit aber gleichzeitig wieder neue Belastungen und Probleme.

Vor diesem Hintergrund werde ich in diesem Kapitel den Zusammenhang von Industrialisierung, Produktivitätssteigerung und Rationalisierung darstellen (5.2), um die Eckpunkte der Kontroll- zur Qualifikationsdebatte zu umreißen (5.3). Zuvor jedoch einige Bemerkungen zum Zusammenhang von Technik und der Organisation des Lebens (5.1).

5.1 Technik und Organisation des Lebens

Mit einem steigenden Grad an Zivilisation hat die Arbeitsbelastung zu- und die freie Zeit abgenommen. Das ist nur ein scheinbares Paradox. Zwar gibt es kaum noch Völker, die von der Jagd und dem Sammeln leben, einige haben aber bis in die zweite Hälfte des 20. Jahrhunderts hinein sehr nachdrücklich demonstriert, dass Arbeit zur Selbsterhaltung nicht mit Überarbeitung zusammenfallen muss (Volti 1995: 128-130; Shostak 1981). Ein Beispiel dafür sind die !Kung in der Kalahari-Wüste im südlichen Afrika, wie Richard Lee (1968) in einer Feldstudie gezeigt hat. Die !Kung ernährten sich von eiweißreichen Mongongo-Nüssen und über achtzig anderen essbaren Pflanzen und reicherten diese Kost mit Kleintieren an. Sammeln und Jagen nahmen bei den Erwachsenen im Schnitt 12-19 Stunden pro Woche in Anspruch, meist nur auf zweieinhalb „Arbeitstage" verteilt. Der Rest war Freizeit. Hier kann man von einer Überflussgesellschaft sprechen (Sahlins 1968: 85). Der Überfluss der !Kung war freilich ein Überfluss an Zeit – unserem letzten Luxusgut heute. Mehr Technik trägt nicht zu einer solchen Überflussproduktion bei – im Gegenteil.

Deutlich wird dies bei der Beobachtung des Ackerbau als einer der größten technischen Errungenschaften der Geschichte: Mit diesem Zivilisationsschritt wuchsen vor allem die Dauer, das Tempo und der Umfang der menschlichen Arbeit. Denn der Ackerbau brachte eine neue Symbiose von Mensch und Pflanzenwelt, der Mensch wurden sesshaft (vgl. die Ausführungen zum damit verbundenen Sperrklinkeneffekt in 4.1). Die Landwirtschaft erlaubte auf diese Weise eine höhere Bevölkerungsdichte, und die Menschen mussten aufgrund der Bevölkerungszunahme härter und konstanter arbeiten. Der technische Fortschritt zog also eine Regulierung und „Verregelmäßigung" von Arbeitsmustern nach sich (nicht nur in der Landwirtschaft), dem Prozess der Rationalisierung war der Weg geebnet.

Besonders deutlich wird der Zusammenhang von Technik und Organisation des Lebens am Beispiel der mechanischen Uhr. Denn im westlichen Europa kam es zu einer Standardisierung des Tagesablaufs und des Alltags vor allem durch den Einfluss der Kirche, und das Symbol dieses Wandels ist die Verregelung der Zeit durch die Uhr[1]. Zwar gab es vor ihrer Erfindung Sonnen- und Wasseruhren. Aber das mittelalterliche Kloster erprobte eine soziale Organisationsform, die durch Regelmäßigkeit und Berechenbarkeit gekennzeichnet war: Gebets-, Essens- und Arbeitszeiten waren aufeinander abgestimmt und folgten einem festen Rhythmus. So teilte die Regel des heiligen Benedict den Tag und die Nacht in zwei Intervalle von jeweils 12 Stunden. Sie forderte Gebete zum Sonnenaufgang, der dritten Stunde des Tageslichts, mittags, zur neunten Stunde des Tageslichts und zum Sonnenuntergang. Kein Zufall also, dass es im 13. Jahrhundert ein Mönch war, der die erste mechanische moderne Uhr erfand.

Die Uhr ist der klassische Typ einer Maschine. Denn sie benötigt eine externe Energiequelle wie ein Gewicht, für die gleichmäßige Verteilung ist eine Regulator wie etwa ein Pendel erforderlich, und dies macht die Uhr zu einem automatischen System, das nur wenig menschliche Interventionen erfordert. Mit der Uhr tauchte eine „Macht-Technik“ auf, die seither den Energiefluss der Arbeit bestimmt und darüber hinaus sie ein standardisiertes Produkt liefert: Stunden, Minuten und Sekunden. Zeit wurde, indem sie durch Technik messbar wurde etwas geradezu Substanzhaftes. Die Uhr löst Zeit von den Tätigkeiten und Ereignissen und hilft den Glauben in eine unabhängige Welt mathematisch messbarer Sequenzen zu schaffen, nämlich die spezielle Welt der Wissenschaften. Um 1345 wird die Aufteilung der Stunde in 60 Minuten und der Minute in 60 Sekunden zum Gemeingut aller und dieser abstrakte Rahmen geteilter Zeit wird so zum Referenzpunkt für Handeln und Denken.

Als die mechanischen Uhren im 13. Jahrhundert an den Glockentürmen der Städte auftauchten, waren die Ordnung und die Regelmäßigkeit des klösterlichen Lebens bereits bis in das städtische

---

1 Zur Bedeutung der protestantischen Ethik und dabei vor allem der calvinistischen Prädestinationslehre für die Herausbildung des okzidentalen Kapitalismus vgl. Weber (1988). Zur Uhr vgl. Mumford 1986: 324-332; Volti 1995: 137-140; Landes 1983: 53–82.

Leben eingedrungen. Sie bestimmten nicht nur die Lebensführung der Oberschicht, sondern zunehmend auch der übrigen Bevölkerung. Die Uhr und nicht die Dampfmaschine – so Mumford – ist also die „Schlüsselmaschine" für das industrielle Zeitalter. Sie diente nicht in erster Linie dazu, den Ablauf der Zeit zu verfolgen, sondern menschliche Handlungen zu synchronisieren und damit zu kontrollieren[2]. Ebenso wird an diesem Beispiel deutlich, dass die kulturelle Organisation des Lebens einer Technisierung vorangeht (Mumford 1986: 324-332). Kulturelle Faktoren waren aber nicht nur für das Selbstverständlichwerden der Uhr in der heraufziehenden Neuzeit bedeutsam. Sie waren es auch im 20. Jahrhundert für den Siegeszug des Computers.

Die Geschichte der Technisierung und des Computereinsatzes in der Gesellschaft ist deshalb interessant, weil man auch hier nichttechnische, kulturelle Bedingungen als Erfolgsfaktoren für die Durchsetzung technischer Innovationen dingfest machen kann. So geht Bettina Heintz (1993) von der Annahme aus, dass nur maschinenhaftes Handeln mechanisiert werden kann, und dieses wiederum ist an spezifische soziale Bedingungen geknüpft. Um Gemeinsamkeiten der Rationalisierung von Arbeitsabläufen und der Entwicklung des Computers auf die Spur zu kommen, geht sie bis in die dreißiger Jahre des 20. Jahrhunderts zurück und vergleicht Alan Turings Rechenmaschine – das Urmodell des Computers, das die Formalisierung auf den mechanischen Begriff brachte – mit dem Modell der Fließbandarbeit, die Kreativität und Denken für den rational durchorganisierten Arbeitsprozess überflüssig

---

2 Aus der Möglichkeit, Zeit zu messen, entsteht auch das Bedürfnis, Zeit zu sparen und sogar zu gewinnen. Der Effizienzgewinn durch Koordination und die engere Einteilung des Tages kann man kaum überschätzen. Um die Bedeutung dieser technischen Innovation abschätzen zu können, stelle man das gedankliche Experiment an, was in unserer durchorganisierten Arbeits- und Alltagswelt ohne die Uhr noch funktionieren würde – vermutlich kaum noch etwas. Auf der Grundlage der neuen Sichtweise der Zeit und der Realität (vgl. Elias 1988) wiederum setzten weitere Technisierungsschübe ein.

macht. Mit Rekurs auf Max Webers Konzept der formalen Rationalisierung interpretiert Heintz (1993: 162-166; 298) Algorithmen und Kalküle als Ausdruck einer Technisierung im Bereich des Geistigen, während die Fließbandarbeit eine Technisierung körperlicher Arbeit zum Ausdruck bringt. Sie zeigt mit diesem Vergleich, dass es zwischen der Technisierung von Handlungen und ihrer Mechanisierung keine prinzipielle Differenz gibt. Entscheidend für die Entwicklung des Computers ist nicht das Maschinenhaft-Materielle, sondern das Algorithmische, also das, was nach einer klaren Vorschrift abläuft (Heintz 1993: 234; 258).

Die Uhr wie auch der Computer – das ist die entscheidende These – konnten ihre sozialtransformative Sprengkraft nur entfalten, weil sie regelgeleitete, standardisierte und damit technisierbare Handlungsweisen hervorgebracht und gleichzeitig erforderlich gemacht haben. Der Computer ist gegenwärtig das deutlichste Symptom einer solchen Algorithmisierung des Geistigen, sie baut freilich auf vorangegangene Prozesse der Industrialisierung auf, die ich nun behandle.

5.2 Industrialisierung, Rationalisierung und Kontrolle

Für die Standardisierung der Zeit waren die Eisenbahn mit ihren rigiden Fahrplänen und des Schaffners Taschenuhr die deutlichsten Symbole. Mit der Entstehung der Fabriken kam es zum Übergang von selbständiger Handwerkerarbeit zu abhängiger Beschäftigung, die Maschine gab zunehmend den Ton an, sorgte für einen geregelten Zeitablauf und eine Anpassung der ArbeiterInnen. An all dies knüpft sich die Fragen, inwiefern sich ökonomische und technische Logik bedingen und ob es eine dominante Logik des Kapitals, der Technik oder auch der Kontrolle (durch das Kapital und Management) gibt.

Der zentrale Bezugspunkt für dieses Thema ist Karl Marx, der je nach Intention als technischer oder ökonomischer Determinist vereinnahmt wird[3]. Als Beleg für den Technikdeterminismus von Marx zitiert Heilbroner (1994) wie viele andere aus dem „Elend der Philosophie": „Die Handmühle ergibt eine Gesellschaft mit Feudalherren, die Dampfmühle eine Gesellschaft mit industriellen Kapitalisten." (Marx 1971: 498) So einfach ist der Zusammenhang freilich nicht. Marx begreift Technik als Produkt einer bestimmten gesellschaftlichen Konstellation. Er sieht die Verschränkung notwendiger technischer und sozialer Bedingungen, die für einen nächsten Schritt der gesellschaftlichen Entwicklung und der Ausbildung der Produktivkräfte erforderlich sind. Diese Verschränkung begreift Marx (1968: 356-530; 1953: 587) als ebenso naturaneignende wie auch gesellschaftsbezogene Tätigkeit. Genauer: Mit den Ausführungen zur Teilung der Arbeit und zur Maschinerie verdeutlicht Marx den systematischen Zusammenhang zwischen Technik (Maschinerie) und Gesellschaftsform (Kapitalismus). Denn das Kapital vergegenständlicht lebendige menschliche Arbeit in Technik zur Erhöhung der Produktivität. Genau das Erkennen dieses Mechanismus der Produktionssteigerung durch den Einsatz „toter" Arbeit (in Form der Maschinerie), also durch den Ersatz menschlicher Arbeit durch Technik, macht den modernisierungstheoretischen Kern der Marxschen Konzeption von Technik und Gesellschaft aus.

Die vormals soziale Kooperation der Arbeitenden (als Charakteristikum präkapitalistischer Arbeitsorganisation) geht damit an die Maschine über, die Maschine übernimmt die Regelung und Steuerung sozialer Abläufe. Neu ist dabei auch und vor allem die Reflexivität der angewandten Technik, was Marx als Maschinenbetrieb bezeichnet (Halfmann 1996: 68; Marx 1968: 405): Zum rationalen und d.h. effizienten Einsatz von Technik ist Technik notwendig – die Werkzeugmaschine ist geboren. Diese entwickelt sich im Kontext einer zunehmenden Verwissenschaftlichung und festigt das

---

3 Vgl. Deutschmann 1998; Fischer 1996: 294-309; Halfmann 1996: 63-69; Heilbroner 1994; MacKenzie 1996; 23-47; Rosenberg 1982: 34-51.

Machtungleichgewicht zwischen Kapitalisten bzw. Management und ArbeiterInnen, indem sie die Qualifikation des Arbeiters überflüssig machte: „Mit dem Arbeitswerkzeug geht auch die Virtuosität in seiner Führung vom Arbeiter auf die Maschine über. Die Leistungsfähigkeit des Werkzeugs ist emanzipiert von den persönlichen Schranken menschlicher Arbeitskraft." (Marx 1968: 441)

Dieser Trend provoziert Strukturveränderungen in der kapitalistischen Organisation der Arbeit und der Zusammensetzung der erwerbstätigen Bevölkerung. Dabei gehen neomarxistische Arbeiten zur Kritik der politischen Ökonomie von einem dreifach abgesicherten Machtungleichgewicht zwischen Kapital und Arbeit aus (Baran/Sweezy 1976; Braverman 1977): Erstens haben die ArbeiterInnen keine Alternativen, zweitens ist der kapitalistischen Produktionsweise das permanente Entstehen von Ungleichheit inhärent und drittens schützt der Staat die kapitalistische Macht. Weil die Arbeit selbst aber immer noch das Eigentum der Arbeitskräfte ist, müssen diese dazu gebracht werden, im Sinne des Kapitals zu operieren. Dessen Ziel ist es die Kosten zu senken und die Produktivität zu steigern. Dazu muss die unspezifische in konkrete Arbeitskraft verwandelt werden. Die Bewältigung dieses Transformationsproblems ist die Hauptaufgabe des Managements, und die Geschichte des Kapitalismus wird zu einer Geschichte der zunehmenden systematischen Kontrolle des Kapitals über lebendige Arbeitskraft (Baran/Sweezy 1976). Dazu bedient es sich vor allem der auf dem Taylorismus basierenden Techniken der wissenschaftlichen Betriebsführung mit der Folge von Dequalifizierung und Degradierung der Beschäftigten (Braverman 1977).

Frederick Winslow Taylor (1977; vgl. Giedion 1982: 120-126) machte seine Prinzipien der wissenschaftlichen Betriebsführung vor knapp einem Jahrhundert populär. Im Vordergrund stand „ein Weg zu einer möglichst haushälterischen Verwertung der menschlichen Kraft" (Taylor 1977: XII) und damit eine effiziente Gestaltung und Vervollkommnung des betrieblichen Herrschaftssystems. Dazu beobachtete Taylor Arbeitsabläufe wie das Einladen von Eisenbarren in Bahnwaggons und errechnete mit Hilfe einer Uhr mit Sekundenzeiger, Stift und Papier die optimale Abfolge von Bewegungssequenzen und Pausen. Das erste Prinzip der wissenschaftlichen Betriebsführung bestand darin, Wissen über die elementaren Einheiten von Arbeitsprozessen zu gewinnen. Zum zweiten wurden Entscheidungsprozesse aus dem manuellen Arbeitsprozess gelöst (Trennung planender und ausführender Tätigkeiten) und in die Hände eines ausgebildeten Managements gelegt. Damit fand eine Enteignung von Wissen und Kompetenzen statt[4]. Drittens wurde es damit möglich, den Arbeitsprozess und den dazu erforderlichen Qualifikationsbedarf durchgehend zu kontrollieren. Das System der ökonomischen Ausbeutung und Kontrolle schien damit perfekt zu sein. Verhält es sich aber wirklich so einfach?

5.3 Von der Kontroll- zur Qualifikationsdebatte

Der Standardinterpretation betrieblicher Modernisierung zufolge geht es vor allem darum, durch Technisierung die Produktivität und damit den Profit zu erhöhen. Darin sind sich MarxistInnen und MarktwirtschaftlerInnen einig. Eine Reduktion auf rein ökonomische Interessen greift indes zu kurz. Beispielsweise wurden einer Studie des Historikers Robert Ozanne zufolge im nordamerikanischen Werkzeugmaschinenbau vor über hundert Jahren *pneumatic molding machines* zur Herstellung von Mähmaschinen entwickelt und eingeführt, um die Macht der Gewerkschaften, in denen sich die gut ausgebildeten ArbeiterInnen organisierten, zu brechen (Winner 1986: 24f.). Nach drei Jahren war die Produktivität gesunken, aber die Gewerkschaften waren zerstört, und die Maschinen wurden nicht mehr gebraucht. Das Management bedient sich also durchaus Techniken, die sich zunächst einmal kon-

---

4 Ob ArbeiterInnen dies tatsächlich auch zwangsläufig als Enteignung und Dequalifizierung erfahren, ist umstritten. Zumindest gibt es für beide Thesen empirische Belege. Zahlreiche Studien konstatieren eine Zustimmung der Belegschaft zu Automatisierung und verneinen die Erfahrung von Dequalifizierung (Goyder 1997: 124-129), die klassischen Studien von Braverman (1977) und Noble (1984) dagegen berichten von deutlichen Dequalifizierungseffekten.

traproduktiv auswirkende, um politische Absichten durchzusetzen. Ökonomische Ziele sind somit immer auch in betriebliche Strategien eingebunden, die die Bedingungen von Produktivität zu kontrollieren versuchen. Neben den technischen Voraussetzungen ist davon in zunehmendem Maß das Wissen der Arbeitenden betroffen. Um solche Beobachtungen in einen theoretischen und historischen Kontext einzubetten, bieten sich die industriesoziologischen Thesen der Polarisierung und der dualen Ökonomie (Kern/Schumann 1977) sowie als Weiterentwicklung die These vom „Ende der Arbeitsteilung" und der Segmentierung der Qualifikation (Kern/Schumann 1984) an.

In den siebziger Jahren beherrschte die *Polarisierungsthese* von Horst Kern und Michael Schumann (1973) die Debatte um Ent- und Höherqualifizierung in der Wirtschaft. Ihr zufolge lässt einerseits die zunehmende Automatisierung nur noch wenige und unqualifizierte Arbeitsplätze übrig, andererseits steigt aber gleichzeitig der Bedarf an höherqualifizierten Arbeitskräften. In ihren empirischen Untersuchungen in Produktionsbetrieben beobachteten die Autoren, dass die Hälfte der Beschäftigten relativ selbständige und qualifizierte Arbeiten wie Anlagen kontrollieren und messen verrichtete, die andere Hälfte übte dagegen anspruchslose Tätigkeiten wie einlegen und entnehmen von Werkstücken aus. Damit kompatibel ist das Konzept der *dualen Ökonomie*. Dieses postuliert segmentierte Arbeitsmärkte. Ein Kernsegment umfasst eine bedeutende produzierende Industrie mit den daran hängenden Abnehmern und Zulieferern. Starke Gewerkschaften gewährleisten die Arbeitsplatzsicherheit. Im Gegensatz dazu umfassen die peripheren Segmente die Landwirtschaft, den Handel, den Dienstleistungssektor und das kleine produzierende Gewerbe. Die Struktur ist hier weniger oligopolistisch und durch mehr Konkurrenz, damit auch weniger Arbeitsplatzsicherheit gekennzeichnet. Typischerweise sind die Arbeitsplätze von Männern im Kernsegment, die von Frauen dagegen in der Peripherie verortet (Beck/Horan/Tolbert 1978).

Mit der Weiterentwicklung dieser Überlegungen zur These eines *Endes der Arbeitsteilung* und einer damit verbundenen *Segmentierung der Qualifikation* haben Kern/Schumann (1984) die Diskussion aus der tayloristischen Verengung gelöst. Denn im Gegensatz zur marxistischen Auffassung, lebendige Arbeit sei ein Störfaktor, der durch Maschinenarbeit zu ersetzen sei, gingen die beiden Göttinger Soziologen von veränderten Produktions- und Verwertungsbedingungen des Kapitals aus. Danach ist eine gesteigerte Arbeitsproduktivität nur noch mit gut ausgebildetem und breit einsetzbarem Personal möglich. Entsprechend wird für Teile der Arbeiterschaft, die RationalisierungsgewinnerInnen, die zunehmende Arbeitsteilung wieder rückgängig gemacht, es findet eine Anreicherung (*job enrichment*) und eine „Reprofessionalisierung von Produktionsarbeit" statt (Kern/Schumann 1984: 74). Damit wächst auch der Bedarf an Höherqualifizierung. Für die RationalisierungsverliererInnen dagegen sehen die Aussichten düster aus[5].

Tatsächlich findet man für die veränderten Qualifikationsprofile und die Vernichtung von Arbeitsplätzen zahlreiche empirische Belege (Volti 1995: 142f.). Zu Letzterem: In den frühen Achtzigern verloren ein Drittel der StudiomusikerInnen ihre Jobs durch die Verbreitung von Synthesizern. Und die Ford Motor Company produzierte 1988 genauso viele Fahrzeuge wie 1978, aber mit der Hälfte des Personals. Diese Entwicklung betrifft nicht nur einzelne Berufe und Tätigkeiten, sondern ganze Industriezweige. Zwischen 1947 und 1957 wurden 10.000 Arbeiter weniger in Ölraffinerien beschäftigt, obwohl die Verarbeitungskapazität von 5,3 auf 8,4 Millionen Barrel pro Tag anstieg. Von 1955 bis 1960 wuchs die Produktion der US-chemischen Industrie um 27 Prozent, die Zahl der Beschäftigten fiel um drei Prozent. In der gleichen Zeit wurde

---

5 Kern/Schumann verstehen ihre These vom „Ende der Arbeitsteilung" und der damit verbundenen Segmentierung der Qualifikation „nicht als Widerlegung, sondern eher als Aktualisierung" (1984: 196) ihrer früheren Polarisierungsthese, indem sie Segmentierung als eine neue Variante der Polarisierung betrachten.

die Stahlproduktion um 20 Prozent gesteigert, während die Zahl der Beschäftigten um 17.000 sank[6].

Gänzlich neu sind solche Prozesse freilich nicht: Im 18. Jahrhundert drängte beispielsweise die Einführung des dampfbetriebenen Webstuhls viele Weber aus ihrem Handwerk, und diejenigen, die blieben, mussten miserable Arbeitsbedingungen akzeptieren. Ebenso sind mit der Entwicklung neuer Techniken auch neue Berufe entstanden: LokomotivführerIn, Röntgen-, UmwelttechnikerIn, als jüngste Entwicklungen seien WebdesignerIn, InfobrokerIn und GentechnikerIn genannt. Die Effekte neuer Techniken auf die Beschäftigung sind somit differenziert zu betrachten. Beispielsweise hängt in den Vereinigten Staaten jeder siebte Arbeitsplatz direkt oder indirekt am Automobil (von FabrikarbeiterInnen, MechanikerInnen, VerkäuferInnen, VersicherungsagentInnen bis zu MitarbeiterInnen in Schnellrestaurants, oder Arbeitern auf Ölraffinerien). Während Beschäftigungswirkungen hier direkt zu beobachten sind, fallen bei Flugzeug, Fernseher und Computer auch indirekte Folgen ins Auge, nämlich etwa in der Tourismusbranche, den Konsumgewohnheiten und der gesamten Bürokultur. Heutige Technologien sind in vielfältige industrielle Zusammenhänge verwoben, dass man nicht mehr von einzelnen, sondern nur noch von multifunktionalen Wirkungen ausgehen kann (Lutz 1984; Kern 1997). Sie schaffen in zunehmendem Maß den Bedarf zu ihrer Entsorgung und zur Beseitigung der ökologischen Folgen gleich mit, und ironischerweise bestätigt gerade dies die postulierte Dialektik von Technik und Arbeit als einem wechselseitigen Steigerungsverhältnis: Der technische Fortschritt erleichtert Arbeit, produziert im Zuge dessen aber auch neue Probleme ihrer Bewältigung (vgl. auch Kap. 10)[7].

---

6 Automatisiert wurden zuerst diejenigen Arbeitsplätze mit einem hohen Routineanteil – vor allem also unqualifizierte Tätigkeiten.

7 Aus heutiger Sicht stützt nur die Realität der ersten Nachkriegsjahrzehnte die These, dass hohe Produktivitätssteigerungen sowohl höhe-

Ebenso wie es zu einer Vernichtung und Umgestaltung von Arbeitsplätzen kam, stießen die Prinzipien Taylors eher früher als später an Grenzen. Denn Kompetenzen lassen sich nicht nach Beliben (technisch) enteignen und Arbeitsabläufe nicht lückenlos planen (Malsch 1987; Böhle 1992). Rationalisierung ist schließlich nur bei einer Standardisierung von Produkten möglich, und betriebliche Strategien heute haben sich von der fordistischen Massenproduktion verabschiedet. Das hat durchaus positive Konsesequenzen: Empirische Studien zum Wandel von Kompetenzen und Fähigkeiten in den USA zwischen 1960 und 1985 zeigen nicht nur, dass Ent- und Höherqualifizierung Hand in Hand gehen, sondern dass „the mix of jobs shifted in the direction of *increasing* cognitive and interactive skills" (Tilly/Tilly 1998: 159). Ein gutes Beispiel für die Anforderungen, die sich neu ergeben haben, bilden FacharbeiterInnenberufe (Willke 1999: 246-251): Manuelle Fertigkeiten treten zugunsten eines breiten Fachwissens und einer besseren Kenntnis des Zusammenwirkens technischer Systeme zurück. Gefragt sind auch die Fähigkeit zum Erkennen von Störgrößen sowie ein Verständnis der organisatorischen Zusammenhänge, in denen Produktionsprozesse ablaufen. Herrschte früher eine strenge Arbeitsteilung zwischen MeisterIn und FacharbeiterIn mit klarer Trennung zwischen Planung und Ausführung, so fand in den letzten Jahren durch Gruppenarbeit und Fertigungsinseln eine

---

re Realeinkommen wie auch kürzere Arbeitszeiten bei einer ansteigenden Zahl von Erwerbsarbeitsplätzen nach sich ziehen (Willke 1999: 169-172). Die Beschäftigungswirkungen des technischen Wandels seit den Ölpreiskrisen der 70er und 80er Jahre dagegen geben zu weniger Optimismus Anlass. Statt des Diffusionsmodells (höhere Effizienz ermöglicht Kosten- und Preissenkungen, stimuliert damit die Nachfrage und schafft damit Arbeitsplätze und Beschäftigung) gewinnt heute das Kontraktionsmodell an Plausibilität (Willke 1999: 170). Danach steht das Wegrationalisieren von Arbeitsplätzen und die Entstehung und Bewältigung von Arbeitslosigkeit im Vordergrund (Rifkin 1995; Martin/Schumann 1996). Steigende Arbeitslosigkeit führt hier zu nachlassender Kaufkraft, Nachfragemangel und damit einem weiteren Verlust an Arbeitsplätzen.

beträchtliche Erweiterung des Tätigkeits- und Verantwortungsbereichs von FacharbeiterInnen statt. Nicht mehr nur Herstellung, sondern auch Instandhaltung, Montage, Arbeitsvorbereitung, Terminüberwachung und Qualitätssicherung gehören zu ihren Aufgaben. In der Metallindustrie kommt das Programmieren numerisch gesteuerter Maschinen hinzu, in der Elektroindustrie das Testen fertiger Produkte. Auch FacharbeiterInnen kommen zukünftig nicht mehr um den Erwerb von Computerkenntnissen herum. War ihre Arbeit einst durch die Ausführung vorgegebener Planung nach Anweisung definiert, so wird sie zukünftig in steigendem Maß durch selbständige Planung, Durchführung und Kontrolle geprägt sein.

Begreift man Prozesse der De- und Requalifizierung nicht nur unter dem Aspekt von Herrschaft und Kontrolle, so kommen kulturelle und branchenspezifische Faktoren (Tilly/Tilly 1998) in den Blick. Jede Industrie und Branche produziert ihre eigene „Trajektorie“ oder Logik. Ihre Geschichte, die Beschäftigtensituation und ihre spezifische Kultur sind dafür verantwortlich, welche Techniken in Organisationen zum Einsatz kommen. Neben der Technik werden damit auch Produktionsroutinen und Kontrollweisen als steuernde Faktoren relevant. Vergleicht man beispielsweise Textilindustrie, Bergbau und Gesundheitswesen, so werden signifikante Unterschiede deutlich (Tilly/Tilly 1998: 39-68).

Im Gesundheitswesen werden die Grenzen der Technisierung, also der Ersetzung menschlicher durch maschinelle Arbeit, am deutlichsten. Das Wachstum dieses Sektors im 19. und noch mehr im 20. Jahrhundert beruhte zu weiten Teilen auf der Kommerzialisierung, Kapitalisierung, Professionalisierung und Reorganisation jahrhundertealter sozialer Praxis. Erst im 19. Jahrhundert setzte eine deutliche Technisierung und Abwendung von der Ganzkörperorientierung ein. Eine Professionalisierung ärztlichen Handelns ging vor allem auch mit einer Verlagerung medizinischer Leistungen in Krankenhäuser und einer Verstaatlichung einher. Eine andere Seite der Professionalisierung ist die Separierung zwischen (männlichen) Ärzten und (weiblichen) Pflegekräften. Eine ähnliche Geschlechterteilung bzw. Vergeschlechtlichung von Arbeit ist in der Textilindustrie zu beobachten. Diese ist durch eine gleichzeitige Dequalifizierung und Erhöhung des Frauenanteils gekennzeichnet. Im Gegensatz dazu ist der Bergbau eine Enklave männlicher Arbeit: dunkel, schmutzig, körperlich anstrengend und gefährlich. Gleichzeitig haben sich die dort Beschäftigten Freiräume erobert, die an ihr spezifisches und nicht enteignetes Wissen geknüpft sind. Bergarbeiter operieren vorwiegend in fragmentierten Einheiten mit hoher Autonomie und geringer Kontrollierbarkeit (vor allem unter Tage), und dies ermöglicht wiederum ein kollektives Handeln.

Ebenfalls unterscheidet sich die Kapitalintensität der drei Bereiche deutlich: Während in der Textilindustrie schon sehr früh in Anlagen und Maschinen investiert wurde und dieser Stand dann weitgehend stabil blieb, war der Bergbau lange Zeit vor allem arbeitsintensiv. Erst in den letzten Jahren gab es Technisierungsbemühungen vorwiegend über Tage. Das Gesundheitswesen schließlich ist trotz der technischen Hochrüstungen der letzten Jahrzehnte immer noch hauptsächlich arbeitsintensiv. Deutlich wird dennoch, dass die unterschiedlichen Organisationsformen von Arbeit und Produktion, die verschiedenen Entlohnungs- und Kontrollsysteme und die Vielfalt der Qualifikationen und Rekrutierung der Beteiligten berücksichtigt werden müssen.

Das Wechselspiel von technischen und sozialen Faktoren wird – wie es das Gesundheitswesen demonstriert – besonders deutlich, wenn man die Geschlechterverhältnisse in den Blick nimmt. Ruth Milkman (1987: 58f.) beispielsweise berichtet von einer extremen Vergeschlechtlichung von Tätigkeiten in der amerikanischen Elektro- und Automobilindustrie: Detroits Unternehmen glichen den Männermangel während des Zweiten Weltkriegs durch den Einsatz von Frauen aus – sie reorganisierten einige Tätigkeiten als Frauenarbeit und betonten dabei sogar die weibliche Überlegenheit in Bezug auf Geschick und Genauigkeit. Nach Kriegsende drängten sie gemeinsam mit den Gewerkschaften die Frauen wieder aus den Betrieben. Daraus lässt sich eine allgemeinere Beobachtung ableiten: Etabliert sich die Zuschreibung von Geschlecht und Arbeit erst einmal, so ist sie kaum noch zu revidieren. Welche Rolle Technik also in der feministischen Auseinandersetzung mit der Ver- und Entgeschlechtlichung von Arbeit spielt, ist Gegenstand des folgenden Kapitels.

6 Technik und Geschlecht: Feminismus und Konstruktivismus

1960 wurden 13 Pilotinnen als Top-Astronautinnen für die NASA ausgewählt – und sie brachten auch tatsächlich Voraussetzungen mit, die sie für einen Aufenthalt im All geeigneter machten als Männer: Sie hatten einen niedrigeren Sauerstoffverbrauch pro Minute und sie waren unempfindlicher gegenüber einem Entzug von Sinneseindrücken. Dennoch wurden die Frauen nach monatelangen medizinischen und wissenschaftlichen Tests abgelehnt: „They were the right stuff, but the wrong sex." (Wajcman 2000: 447) Begebenheiten wie diese spielen eine wichtige Rolle in der feministischen Erforschung der Wissenschafts- und Technikgeschichte[1], in der Frauen nicht oder nur marginal vorkommen. Anknüpfungspunkt für die Auseinandersetzung mit feministischen Ansätzen ist die im letzten Kapitel vorgestellte (industriesoziologische) Debatte zu Arbeit und Produktion, die ich hier mit feministischen Erklärungsmodellen zum Verhältnis von Frauen und Technik konfrontieren will (6.1). Auf dieser Grundlage werde ich die verschiedenen inhaltlichen Fäden mit „affinen" Theorien zusammenführen, indem ich die Entwicklungen der feministischen Techniksoziologie (6.3) in den Kontext der *Science and Technology Studies* (STS; 6.2) stelle – Theorien, die den Charakter der Gemachtheit, der Gestalt- und Veränderbarkeit von Technik betonen.

6.1 Noch einmal: Arbeit und Technik

Die marxistisch inspirierte Debatte der siebziger Jahre um Technik, Arbeitsteilung und Qualifikation hat auch im Feminismus Wellen geschlagen (Wajcman 1994: 37-40). (Neo)MarxistInnen begreifen Wissenschaft und Technik als Resultat von Klassenver-

---

1 In einer feministischen Soziologie ist das Geschlecht ein zentrales Strukturmerkmal der Gesellschaftsanalyse, die Geschlechterbeziehungen gelten als problematisch, nicht naturgegeben und damit als prinzipiell veränderbar (Chafetz 1988).

hältnissen: Das kapitalistische Akkumulationsprinzip ist darauf ausgerichtet, so viel menschliche Arbeit wie nur möglich durch maschinelle zu ersetzen. Die mit einer damit verbundenen Automation anvisierten Vorteile sind Kostenreduktion und erweiterte Kontrolle des Produktionsprozesses. Dem abstrakten Grundprinzip von Rationalisierungsstrategien zufolge geht es also vor allem darum, mit wenig(er) Aufwand mehr Effizienz zu erreichen. Anknüpfend an die eingangs angestellten Überlegungen zur Gestaltungsmacht von Technik (Kap. 2) bilden (neo)marxistische Ansätze einen Kontrapunkt zur technikdeterministischen Debatte. Sie sind jedoch blind gegenüber Geschlechterverhältnissen, da sie ausschließlich auf Klassenverhältnisse in der industriellen Produktionsarbeit und auf die Situation männlicher Lohnarbeiter fixiert sind (Aulenbacher 1999). Darüber hinaus bleibt die innerhäusliche Arbeitsteilung völlig ausgeblendet. So war ein guter Teil der feministischen historischen Arbeit darauf gerichtet, diese ans Tageslicht zu holen, vor allem mit dem Fokus auf die Technisierung der Hausarbeit (Ravetz 1965; Oakley 1978). Hier kam erstmals das Paradox zur Sprache, dass trotz einer fortschreitenden Mechanisierung keine Reduktion der Arbeit stattfand. Eher im Gegenteil: Die Reinlichkeitsstandards stiegen ebenso wie die Anforderungen an eine „emotionale Rundumversorgung“ durch die Frau im Haus (Schwartz-Cowan 1976).

Ebenfalls erfuhr die Gleichsetzung von technischem mit gesellschaftlichem Fortschritt eine feministische Kritik: Wenn Fortschritt an der Produktivität gemessen wird, bleiben reproduktive Tätigkeiten dabei ausgeschlossen (Cockburn 1983). Hintergrund: Männer tun anderes als Frauen, und Männerarbeit wird höher bewertet. Geschlechtliche Arbeitsteilung basiert auf der Trennung produktiver, d.h. entlohnter Arbeit und reproduktiver, d.h. nicht entlohnter Hausarbeit. Weil in der kapitalistischen Gesellschaft nur zählt, was monetär verrechnet werden kann, gilt Hausarbeit nicht als Arbeit. Die Familie erscheint damit als Rollenverstärker scheinbar natürlicher Geschlechterbeziehungen, bei denen Frauen und Männer sich wechselseitig ergänzende Rollen spielen. „Mutter spült, Vater arbeitet“, so heißt es in einer Geschichte in einem

Lehrbuch für die Grundschule (Klein 1995: 205), in der der „gewöhnliche Tagesablauf" aus der Sicht eines Mädchens beschrieben wird. Quintessenz dabei: Die konkrete Verrichtung der Hausarbeit wird Nicht-Arbeit genannt, die nicht konkret benannte Tätigkeit des Mannes dagegen gilt als Arbeit.

Aber nicht nur Haus-, sondern auch Lohnarbeit wird geschlechtsspezifisch vergesellschaftet. „Während beispielsweise um die Jahrhundertwende große Unternehmen der Elektro- und Metallindustrie im Zusammenhang mit der Mechanisierung der Produktion Lehrwerkstätten einrichteten, um qualifizierte Industriefacharbeiter heranzubilden, trachtete man in den Konfektionswerkstätten – mit oder ohne den Einsatz von Nähmaschinen – bereits danach, die Tätigkeit der Arbeiterinnen in kleinste Arbeitsschritte zu zerlegen." (Schmidt 1998: 135) Entsprechend war der Einsatz technischer Innovationen mit unterschiedlichen Konsequenzen verbunden: Die Einführung von Spinnmaschinen und Maschinenwebstühlen im 19. Jahrhundert etwa hat den Status der männlichen Arbeiter keineswegs untergraben, sondern zu mehrfachen Um- und Neudefinitionen männlicher „Haupt-" und weiblicher „Hilfsarbeit" geführt. Weiter hat der Einsatz von Spezialwerkzeugmaschinen in der elektrotechnischen Industrie um die Jahrhundertwende Männer nicht zu ersetzbaren Teilarbeitern degradiert. Vielmehr erschlossen sie sich neue anspruchsvolle Arbeitsgebiete wie das Eichen, Justieren und Montieren der komplizierten Apparate, während an den Drehbänken selbst meist junge Frauen arbeiteten. Als sich den zwanziger Jahren die Fließbandarbeit verbreitete, waren es meist Frauen aus Industrien mit hohem Frauenanteil, die dort an die Fließbänder kamen. Ebenso zeigen empirische Untersuchungen zum Übergang von traditionellen zu computerisierten Arbeitsverfahren in der Bekleidungsindustrie, im Lager von Versandhäusern sowie auf Röntgenstationen in Krankenhäusern, dass Frauen vor allem die Maschinen bedienen (und sich dafür auch technische Kompetenzen aneignen), während die Männer nach wie vor die machtvolleren Positionen besetzen (vgl. Cockburn 1985).

Eine Stilisierung der gesamten Arbeiterschaft als unterdrückte Klasse des kapitalistischen Systems greift also zu kurz. Vor allem gewerkschaftlich organisierte Arbeiter verfügten über ein deutliches Gestaltungspotenzial – das sie sich zu sichern wussten. So war in der amerikanischen Geschichte der Widerstand von Männern gegen Rationalisierungsmaßnahmen eher gering, wenn es sich um das Eindringen weiblicher (billigerer) Konkurrenz in ihre Bereiche handelte – solange die Frauen die schlechter bezahlten Positionen einnahmen. Im Gegensatz dazu setzten sie sich gegen Stratifikationsmaßnahmen unter Männern heftiger zur Wehr (Aulenbacher 1999). Mit einer solchen Strategie erreichten sie viel: Auch als Unterdrückte hatten Männer immer noch Statusniedrigere unter sich – Frauen. Weiter sicherten sie sich ihre Beschäftigungsbereiche, sie bewahrten ihre Berufe vor materieller und ideeller Abwertung, sie bekräftigten die männliche Vormachtstellung in der und schließlich prägten die Männer in der Auseinandersetzung um die einzuschlagenden technischen Entwicklungspfade auch die Gestalt der Artefakte mit (Aulenbacher 1999: 193).

Dass die technische Entwicklung prinzipiell ganz anders hätte laufen können, zeigt die Geschichte der „Männersache" Computer. Obwohl nämlich „die Frauendomäne Textverarbeitung ein zentraler Hebel war, über den die Einführung des PCs in die Bürowelt erfolgte, werden Computer nicht mit Weiblichkeit assoziiert." (Buhl/Buchholz 1999: 180) Warum nicht? Die ersten elektronischen Rechner (ENIAC) wurden in den vierziger und fünfziger Jahren in den USA schließlich von Frauen programmiert. In den USA verfügten nämlich viele Frauen über eine mathematisch-naturwissenschaftliche Ausbildung, und außerdem waren infolge des Kriegseinsatzes Männer rar. Als in den fünfziger Jahren die Computerarbeit immer professionellere Konturen gewann und wieder mehr Männer zur Verfügung standen, verdrängten sie die Frauen jedoch. Programmieren war seitdem männlich konnotiert (obwohl diese sitzende und saubere Tätigkeit mit einem hohem Routineanteil und hohen Anforderungen an Genauigkeit und gute Tippfertigkeit sich für eine „weibliche" Definition geradezu anbot), und der Computer wurde zur männlichen Angelegenheit.

Weiter führte eine in erster Linie explizit Männer ansprechende Stellenausschreibungspraxis für computernahe Arbeitsplätze zu einer weiteren Vermännlichung der Computertechnik, und schließlich wurden auch die zunehmend Verbreitung findenden Computerspiele auf die Bedürfnisse, Wünsche und Phantasien von männlichen Jugendlichen zugeschnitten. So kam es, „daß trotz der Mitwirkung von Frauen in den Anfängen des Computerzeitalters, obwohl nahezu gleichviele Frauen wie Männer an computergestützten Arbeitsmitteln tätig sind und auch der Einstieg der PCs über die Frauendomäne Textverarbeitung erfolgte, der Computer eine männliche Technik wurde“ (Buhr/Buchholz 1999: 181).

Ein weiteres Ergebnis solcher Beobachtungen lautet, dass die unterschiedliche Bewertung männlicher und weiblicher Tätigkeiten sich nur partiell über inhaltliche Merkmale von Männlichkeit und Weiblichkeit erschließen lässt (Cockburn 1985). Wichtiger ist „möglicherweise die in der prinzipiell dualistischen Form der Geschlechterstereotype verankerte Qualität, Distanzen und Dominanzverhältnisse anzuzeigen, die sich mit unterschiedlichen ‚Inhalten‘ verknüpfen können“ (Knapp 1993: 31). Eindrucksvoll ist dazu folgendes Beispiel aus der französischen Druckindustrie (Heintz u.a. 1997: 225): Ein Vorhang trennt männliche und weibliche Arbeitsplätze. Darüber hinaus sind die Terminals der Männer durch ein Kabel mit dem Zentralrechner verbunden, die der Frauen nicht. Die gleiche Arbeit der Frauen gilt als unqualifizierter und wird schlechter bezahlt. Mit dem Wegfallen rechtlicher Möglichkeiten der Ausgrenzung wird die Separierung der Geschlechter somit in zunehmendem Maß über symbolische Mittel hergestellt. Dazu wiederum kann Technik funktionalisiert werden.

Was also macht das Verhältnis von Frauen und Technik so prekär? Wollen sie nicht partizipieren? Können sie nicht? Dürfen sie nicht? Im Hinblick auf „Einstellung, Beurteilung und Interessen an Technik“ (Engler 1993) lassen sich tatsächlich Unterschiede zwischen den Geschlechtern feststellen. So zeigen sich Frauen bei der Wahl naturwissenschaftlich-technischer Fächer und Berufe auffällig abstinent (Poppenhusen 1999). Dies betrifft die unterschiedlichen Schul- und Studienpräferenzen von Jungen und Mädchen, die Unterrepräsentanz von Frauen in ingenieurwissenschaftlichen Studiengängen, die Minderheitenposition von Ingenieurinnen im Beruf und die Thematisierung des Verhältnisses von Frauen zu Naturwissenschaft und Technik aus wissenschaftstheoretischer Perspektive. Andere Untersuchungen befassen sich mit der Einführung neuer Technologien und deren Auswirkungen auf die Arbeitsplätze von Frauen (zum Beispiel Telearbeit, vgl. Geideck/Hammel 1997), den privaten Lebensbereich sowie einem schon klassischen Topos mit den verschiedenen Zugangsweisen von Mädchen und Jungen zum Computer (Turkle 1984; Spender 1997). Zur Erklärung der weiblichen Technikabstinenz in Schule und Ausbildung, Freizeit und der Welt der Arbeit wurden verschiedene Erklärungsmodelle entwickelt. Genannt seien hier Modelle der Differenz und des Defizits einerseits und der Differenzierung andererseits.

Das *Differenzmodell* geht von der prinzipiellen, biologisch verwurzelten Verschiedenartigkeit von „Männlichkeit" und „Weiblichkeit" aus (Mies 1988), betont die Andersartigkeit einer „weiblichen Technik" (Janshen 1990) und leitet daraus häufig die politische Forderung einer Technikverweigerung und eines Technikboykotts ab (Mies 1985). Diesem Modell war die *Defizithypothese* (Frauen können x nicht so gut) vorausgegangen. Auch diese postuliert eine weibliche Zugangs- und Umgangsweise (Schiersmann 1992) bzw. eine deutliche „Technikdistanz" (Faulstich-Wieland 1990). Im Gegensatz zu biologischen Unterschieden geht die Defizithypothese allerdings von unterschiedlichen Sozialisationsweisen bei Jungen und Mädchen aus, die sich in verschiedenen Einstellungen, Wahrnehmungsmustern und Handlungsweisen niederschlagen. Diese statten Frauen mit einem spezifisch „weiblichen", d.h. auf Menschen orientierten Arbeitsvermögen aus (Beck-Gernsheim/Ostner 1978), was sich dann auch in der Distanz zu Technik widerspiegelt (Schorb 1990: 10). Daran knüpfte sich die Hypothese von Sozialisationsdefiziten, die durch Frauenfördermaßnahmen behoben werden sollten. Dieser Ansatz ist im liberalen Feminismus verwurzelt: Frauen sollen in gleicher Weise an

Technik teilhaben wie Männer, und Maßnahmen der Frauenförderung verfolgen dabei eine Strategie der gleichberechtigten Partizipation (Cockburn 1986; Janshen 1990; Odebrett 1993). Die Mängel dieser beiden Ansätze markieren zugleich ein Programm, das die feministische Techniksoziologie in den letzten Jahrzehnten erfolgreich abgearbeitet hat:

- Der *empirischen Vielfalt* von weiblichen Zugangsweisen und deren potentielle Ähnlichkeit zu männlichen Verhaltensstrategien werden Differenz- und Defizitansätze nicht gerecht, denn „geschlechtsspezifische Unterschiede manifestieren sich vor allem an den Extrempolen, während Abweichungen im mittleren Bereich geringer ausfallen“ (Schiersmann 1990: 34; Engler 1993: 63; Berg 1994; Walter 1999).

- Zweitens werden mit solchen Differenz- und Distanzbestimmungen die *Machtverhältnisse zwischen den Geschlechtern* wie auch die Reproduktion der Geschlechterverhältnisse ausgeblendet. Offen bleibt beispielsweise, „weshalb unterschiedliche Zugangsweisen zu ungleich verteilten Interessen und Kenntnissen zwischen den Geschlechtern führen sollten und wie Veränderungen vor diesem Hintergrund zu erklären sind“ (Engler 1993: 65). Geht man gar von einer „weiblichen Technik“ aus, die mit den „weiblichen Eigenschaften – Beziehungsfähigkeit, Empathie, Orientierung mehr aufs Leben als auf die Sache“ (Janshen 1990: 65) den Weg zu einer anderen, menschlichen Technik weist, wird Technik schließlich über Geschlecht identifiziert und die Dichotomie von „männlich – weiblich“ festgeschrieben.

- Wird drittens das „Weibliche“ für zukünftige Entwicklungen vereinnahmt, aber Frauen kein Anteil an der Technik und Technikgeschichte zugesprochen (diese bleibt eine männliche Angelegenheit), so findet eine *Ausblendung von Frauen aus der Technikgeschichte* statt – und das mit feministischer Unterstützung (Schmidt 1998). Dagegen gilt es heute als sicher, „daß Frauen während des Industriezeitalters äußerst wichtige Maschinen wie die Baumwollentkernmaschine, die Nähmaschine, den kleinen Elektromotor, den McCormick-Mähbinder und die Jacquard-Nähmaschine erfunden haben oder an ihrer Erfindung beteiligt waren“ (Wajcman 1994: 32).

- Schließlich ist die Bedeutung von Befunden zu geschlechtsspezifischen Zugangsweisen hochgradig interpretationsbedürftig. So sagt die Unter- oder Nichtpräsenz von Frauen im Internet beispielsweise mehr über *Technik und männliche Kultur* aus als über die Kompetenzen von Frauen: Die Männer waren zuerst im Netz und haben es nach ihren Regeln gestaltet. Wären es die Frauen gewesen, hätte es ganz anders aussehen können (Spender 1997).

Technik und Wissenschaft gelten als tief verstrickt in die männliche Beherrschung und Kontrolle von Frauen wie auch der Natur. Ist Technik also vor allem ein Produkt der „männlichen Kultur“? Denn die Schlüsselfrage – so etwa die feministische Technikforscherin Judy Waicman (1994: 29) – bestehe darin, „ob das Problem in der Vorherrschaft der Männer über die Technik liegt, oder ob Technik in gewissem Sinn inhärent patriarchal ist“ (Wajcman 1994: 29)[2]. Der patriarchale Charakter von Technik wird in der Kontrollfrage manifest. Denn technische Kompetenz ist vor allem implizites Wissen, das in Männerbünden tradiert wird. Frauen sind dort von Wissen, Kompetenz und Erfahrung weitgehend ausgeschlossen. Sind Erfindungen in so hohem Maß von Ort und Umständen abhängig (Harrington 1990), ist es wiederum nicht erstaunlich, „daß Frauen, die während des Ersten Weltkrieges in Munitionsfabriken arbeiteten, die Waffen, die sie herstellten, nachweislich umgestalteten“ (Wajcman 1994: 40).

Eine Überwindung beider, immer noch von „männlichem“ und „weiblichem“ Handeln ausgehender Auffassungen stellen erst *differenzierungs- bzw. ambivalenztheoretische* Positionen dar, die

2 Zu dieser immer noch anhaltenden Debatte vgl. Cockburn 1985; Cockburn/Ormrod 1993; Faulkner 2000; Gill/Grint 1995; Lie 1995; Lohan 2000; Wajcman 1994.

nicht primär nach dem Unterschied zwischen Männern und Frauen, sondern ebenso zwischen Frauen fragen. Sie beschreiben die widerstreitenden und mitunter unvereinbaren Verhaltensanforderungen an Frauen als technisch handelnde oder Technik nutzende Personen, die in männlich konnotierten Arbeitszusammenhängen oder Lebenswelten agieren und sich dort behaupten müssen (Collmer 1997; Wagner 1986). In solchen Situationen, so die Annahme, werden ambivalente Gefühle „nicht nur gegenüber den technikorientierten Arbeitszusammenhängen geweckt, sondern auch gegenüber den Zuschreibungen an das eigene Geschlecht" (Collmer 1997: 61)[3].

6.2 Konstruktivistische Techniksoziologie

Geschlecht ist ein Strukturfaktor bei der Entwicklung von Technik (Cockburn 1983), Technik ist Kultur (Faulkner 2000), und Technik ist auch ein politisches Produkt (Cockburn 1985). Diese Beobachtungen mündeten in eine heute mehr oder weniger konstruktivistische Positionierung der feministischen Techniksoziologie. Gleichwohl waren die ersten Berührungen von Feminismus und Technik in einem technikdeterministischen Kontext beheimatet: Es ging um die Frage, wie Technik das Leben von Frauen beeinflusst, determiniert, welche Effekte Technik nach sich zieht. Technik wurde hier noch immer als eine außergesellschaftliche, autonome Sphäre gesehen. Darin unterschied sich die frühe feministische Techniksoziologie nicht vom damaligen techniksoziologischen Mainstream. Darüber hinaus aber wurde Technik vor allem als eine Erweiterung patriarchaler Strukturen bewertet (Wajcman 2000: 449). Interessant ist nun, dass in der feministischen Forschung ähnliche „Erkenntnisschübe" stattgefunden haben wie in

---

3 Zu solchen differenzierenden Umgangsweisen mit Technik gibt es empirische Studien vor allem über Frauen in Ingenieurberufen (Faulkner 2000; Fox 1998; Hammel 1999; Henwood 2000; Walter 1999; Webster 1995) sowie über die Aneignung von Technik im Alltag und durch die Hausarbeit (Berg 1994; Cockburn/Ormrod 1993; Faulkner/Arnold 1985; Gray 1992; Lie/Sorensen 1996; Silva 2000).

der soziologischen Auseinandersetzung mit Technik (vor allem im Umfeld der *Science and Technology Studies*, STS). Ähnlichkeiten werden etwa beim Hinterfragen und Überwinden technischer (vgl. 2.2) und biologischer Determinismen deutlich. Biologische Determinismen betreffen die Annahme eines „natürlichen" Unterschieds von Männlichkeit und Weiblichkeit, einer „natürlichen" Zweigeschlechtlichkeit und Heterosexualität. Soziologische und feministische Arbeiten seit den siebziger Jahren haben die Festschreibung eines solchen Unterschieds zwischen Männern und Frauen als naturgegeben inzwischen aus den Angeln gehoben (vgl. Jackson 1998). Institutionell schlägt sich dies in einer Erweiterung der Frauenforschung der siebziger und achtziger Jahre auf die *Gender Studies* seit den neunziger Jahren nieder (vgl. Penkwitt 2002).

Um die Blackbox der Technik für Fragen der Entwicklung und Nutzung sowie der Gestaltung durch Geschlechterbeziehungen zugänglich zu machen, bedurfte es einiger theoretischer Anstrengungen. Sie sind im Kontext eines technikgenetischen oder wie hier favorisiert: konstruktivistischen Shaping-Ansatzes wie auch einer postessentialistischen Perspektive auf Geschlecht auszumachen. In den letzten beiden Jahrzehnten haben sich vor allem Überlegungen aus dem STS-Umfeld der angelsächsisch-französisch-niederländischen Wissenschafts- und Technikforschung als anschlussfähig für eine feministische Techniksoziologie erwiesen. Ihr Credo ist antideterministisch: Technik verfügt über keine gestaltende Kraft. Vielmehr sind es die sozialen Kontexte, die die Entwicklung und Nutzung von Technik bestimmen. Während der historisch ältere und in diesem Abschnitt im Mittelpunkt stehende *Social Constructivism of Technology* (SCOT) die interpretative Flexibilität und damit soziale Gestaltbarkeit von Technik vor allem in der frühen Phase der Technikentwicklung betont, stellt die darauf aufbauende Aktor-Netzwerk-Theorie (ANT) die Dualität von Technik und Gesellschaft radikal in Frage (für eine Darstellung dieser Theorie siehe Kapitel 8 und 6.3 für die feministische Variante Donna Haraways). Bei ANT ist Technik nichts Außersoziales, sondern ermöglicht überhaupt erst Gesellschaft in großem Maßstab. Zentrale Einheiten dafür sind die Aktanten, denen – gleichgültig ob Mensch oder Sache – Handlungsfähigkeit zugesprochen wird. Aus feministischer Sicht liegt der Vorteil beider Konzepte in der radikalen Handlungsorientierung, weil erst sie die Veränderbarkeit sozialer Praxis in den Blick bringt. Die Maschine erscheint als *spokesperson* (Callon nach Wajcman 2000: 451) oder als *inscription* (Akrich/Latour 1992) von Handlungen und Interessen der Beteiligten, die offen für verschiedene Interpretationen und Übersetzungen sind.

Welchem Kontext entstammen diese Theorien, die mit den Vorgehensweisen der und „entselbstverständichenden" (im Sinn von entnaturalisierenden) Absichten der *Gender Studies* so kompatibel scheinen, was sind ihre zentralen Aussagen? Konstruktivistische Ansätze in der Technikforschung gehen von einer weitreichenden Verwobenheit von Technischem und Sozialem aus. Bereits Ende der sechziger Jahre beschäftigten sich konstruktivistische WissenschaftsforscherInnen mit dem Charakter wissenschaftlichen Wissens. Technikforscher wie Wiebe Bijker, Thomas Hughes und Trevor Pinch (1987) übernahmen dafür in den achtziger Jahren von der Wissenschaftssoziologie das *Empirical Programme of Relativism* (EPOR). Es zielt darauf, naturwissenschaftliche Theorien und Forschungen als soziale, interessengebundene Konstruktionen zu demaskieren. EPOR betont dabei vor allem die interpretative Flexibilität wissenschaftlicher Ergebnisse. Damit ist gemeint, dass wissenschaftliche „Fakten" stets für mehr als nur eine einzige Interpretation offen sind. Es sind soziale Faktoren, die den Interpretationsüberschuss limitieren und für eine „Schließung" von Diskursen sorgen. Als konstruktivistische Technikforschung beruht SCOT zum einen auf einer Ausweitung der wissenschaftssoziologischen Laborstudien (Latour/Woolgar 1979; Knorr-Cetina 1984) auf die „harten" Wissenschaften (MacKenzie 1996). Zum anderen konvergieren in dieser Strömung traditionelle techniksoziologische Arbeiten, evolutionär angelegte Innovationsstudien sowie historische Rekonstruktionen technischer „Erfolgsgeschichten".

Die Anwendung des wissenssoziologischen Ansatzes auf Technik begreift die Entwicklung technischer Artefakte als alternierenden und nichtlinearen Prozess der Variation und Selektion von Designs und Problemkonstruktionen verschiedener relevanter Gruppen (Pinch/Bijker 1987). Das klassische Beispiel dazu ist das Fahrrad: Bei der Entwicklung vom Hochrad, das über das Vorderrad angetrieben wurde, zum Fahrrad heutiger Bauart, das über das Hinterrad angetrieben wird, verbanden Ingenieure, sportbegeisterte junge Männer, Frauenvereine und Hochradmechaniker sehr verschiedene Visionen mit diesem Fortbewegungsmittel: Die eines Sportgeräts, eines alltäglichen Fortbewegungsmittels oder eines speziellen Hobbygegenstandes. Jede Gruppe brachte eine andere *Interpretation* ins Geschehen ein (Variation). In diesem Wechselspiel veränderte sich das Fahrrad: Die Technik wurde ausdifferenziert, die beteiligten Gruppen dünnten sich aus, und in einem Prozess der Aushandlung und Stabilisierung bildete sich die gültige Interpretation des Fahrrads als Einigung darüber heraus, für welches Problem dieses Artefakt eine Lösung sein sollte. In diesem Fall war die zwischen Sportlichkeit und Sicherheit vermittelnde Lösung ein relativ niedriges Fahrrad mit Gummireifen. Die *Schließung* des endgültigen „Modells von Fahrrad" (verschiedene soziale Gruppen einigen sich auf eine Form und Bedeutung des Artefakts) und dessen *Stabilisierung* (innerhalb einer sozialen Gruppe entsteht Konsens über die Bedeutung des Artefakts) geschah nicht in Übereinstimmung mit einer wie auch immer gearteten essentiellen technischen Logik oder besten Lösung, sondern schlicht dadurch, dass keine der beteiligten sozialen Gruppen mehr virulenten Handlungsbedarf für eine weitere Veränderung sah. Mit Hilfe des zentralen Konzepts der *interpretativen Flexibilität* wird deutlich, dass Technik keine inhärente Bedeutung mit fest gezogenen Grenzen hat. Im Gegenteil sehen unterschiedliche soziale Gruppen verschiedene Dinge in ein und demselben Artefakt (Bijker/Hughes/Pinch 1987).

Arbeiten aus dem Umfeld von SCOT und STS teilen vor diesem Hintergrund eine Reihe von Überzeugungen (MacKenzie 1996; Bijker/Law 1992):

- Der technische Wandel ist kontingent. Entsprechend wendet sich vor allem SCOT gegen technikdeterministische Anschauungen. Und die Geschichte einzelner Technikgenesen zeigt tatsächlich, wie sehr diese Aushandlungsprozessen ausgesetzt sind und dass keineswegs Qualität oder Überlegenheit für einen technischen Erfolg verantwortlich sind.

- Technische Entwicklungen sind Ergebnisse von Konflikten, Schließung und Stabilisierung. In jedem Fall finden Aushandlungen verschiedener gesellschaftlicher Gruppen statt. Die Differenzen müssen allerdings nicht zu einem offenen Konflikt führen, sie können auch implizit ausgetragen werden. Eine Schließung und Stabilisierung von Artefakten jedenfalls geschieht nur, wenn heterogene Beziehungen bzw. Interessendivergenzen in einem Netzwerk zusammengeführt werden.

- Wird eine Technik durchgesetzt, so gibt es im Lauf dieses Prozesses scheinbar immer weniger Alternativen. Allerdings ist eine solche Alternativlosigkeit sozial erzeugt und keineswegs technisch notwendig (für das Beispiel ISDN vgl. Kubicek 1990). Hat sich eine Technik durchgesetzt, so wird sie aufgrund ihrer Marktdominanz auch tatsächlich zur „besten". Ein Beispiel dafür sind die qualitativ nicht an der Spitze stehenden, aber dennoch auf dem Markt klar dominierenden Software-Produkte von Microsoft.

- Eine Stärke von STS und SCOT liegt im Prinzip des following the actors und opening the black box. Das bedeutet, dass die TechnikforscherInnen den WissenschaftlerInnen und KonstrukteurInnen in ihre Labors und Büros folgen und den Prozessen der Netzwerk- und Koalitionsbildung nachspüren. Damit hält der Untersuchungsansatz engen Kontakt zu den sozialen und technischen Details einer Entwicklung und lässt sich auf den analysierten Gegenstand ein.

Methodisch gilt für diese Ansätze das *Symmetrie-Prinzip*, wie es David Bloor (1976) im Rahmen des *strong programme* für die Soziologie wissenschaftlichen Wissens ausformuliert hat. Es erforscht als richtig und als falsch geltendes Wissen mit den gleichen Methoden. Mit eben diesem Verfahren untersuchen STS-ForscherInnen erfolgreiche und gescheiterte Technologien, statt eine Überlegenheit oder bessere Angepasstheit der jeweiligen Technik zu unterstellen. So kann sich etwa – wie es an der Börse bei Aktien vorkommt – der Glauben an den Erfolg einer Technik wie der Sonnenenergie als selbsterfüllende Prophezeiung erweisen, d.h. der Glaube an eine Technik schafft die Bedingungen ihres Erfolgs. Das Symmetrieprinzip bezieht sich nicht nur auf den Erfolg einer Technik, sondern noch breiter auf die untersuchten Gegenstände allgemein. So werden Maschinen mit demselben Instrumentarium untersucht wie Individuen und soziale Gruppen. Damit ist vor allem die bei ANT formulierte *Kritik der Trennung von Technik und Sozialem* kompatibel (vgl. Kap. 8). Im Vordergrund steht dort die innere Verwobenheit der beiden Dimensionen, die es zu rekonstruieren gilt.

6.3 Feministische Techniksoziologie

Trotz der festgestellten Affinität sind aus der Perspektive feministischer Techniksoziologie einige Defizite an den skizzierten konstruktivistischen Ansätzen auszumachen[4], die Anstöße für eine Neupositionierung feministisch-konstruktivistischer Techniksoziologie geben:

- Konstruktivistische Studien stellen die männlichen Macher und Gestalter der Netzwerke mit den entsprechenden technischen Kompetenzen und Managementfähigkeiten in den Vordergrund und vernachlässigen die Nutzungsphase technischer Innovationen. Weil dort oftmals Frauen eine wichtige Rolle spielen, fallen sie dann durch die Maschen des konstruktivistischen Ansatzes. Entsprechend zielen gegenwärtige feministische For-

4 Vgl. Berg/Lie 1995; Cockburn 1992; Cockburn/Ormrod 1993; Grint/Woolgar 1992; Lohan 2000; Leigh Star 1991; Wajcman 2000.

schungsbemühungen auf eine Aufhebung der getrennten Betrachtung von Entwicklung und Nutzung[5].

- Zweitens blenden konstruktivistische Studien Frauen als irrelevante Gruppe aus (Ausnahme neuerdings: Bijker/Bijsterveld 2000). Die Unterbewertung der „unqualifizierten" Arbeit von Frauen marginalisiert diese und macht sie in der Mainstream-Techniksoziologie unsichtbar. Im Kern geht es darum, wie unterschiedliche soziale AkteurInnen bei der Entwicklung einer Technik verschiedene Zugänge und Verständnisse derselben mit ins Spiel bringen und wie diese Sichtweisen durchgesetzt oder ausgegrenzt werden. Die feministische Analyse macht hier deutlich, dass es vor allem die Perspektiven von Frauen sind, die nicht berücksichtigt werden (Berg/Lie 1995: 344).

- Mit der Ausblendung von Frauen taucht drittens die Machtfrage auf. Handlungsorientierte Ansätze sind hier nicht radikal genug, weil sie ihren Blick nur auf beobachtbare Phänomene, nicht aber auf die strukturelle und historische Dimension von Macht richten. Diese wird in Alltagsbeziehungen aber vor allem als männliche Herrschaft erfahren[6]. Darüber hinaus verkürzt STS Handlungen auf strategisches heterogeneous engineering (Law 1987; 1999: 5; vgl. 8.1) und blendet damit nichtstrategische Handlungs- und Erlebnisweisen sowie Ordnungsformen aus.

---

5 Vgl. Berg 1994; Lie/Sorensen 1996; Webster 1995. Ein gutes Beispiel für eine solche erweiterte Perspektive bietet die Mikrowellenherd-Studie von Cynthia Cockburn und Susan Ormrod (1993), in der sie Prozesse der Vergeschlechtlichung (*Genderisierung)* dieses Artefakts auf jeder Stufe der Entwicklung rekonstruieren.

6 Eine solche systemische männliche Herrschaft hat der Feminismus der siebziger und achtziger Jahre bekanntlich unter dem Schlagwort „Patriarchat" verhandelt, heute prägen Schlagworte wie Zwangsheterosexualität und –zweigeschlechtlichkeit die Diskussion.

- Viertens sind Geschlechterbeziehungen und Technik relationale Phänomene. Denn auch Artefakte inkorporieren soziale Beziehungen, sind mit sozialen Konstruktionsleistungen verknüpft: „Gender is a social achievement. Technology too.“ (Cockburn 1992: 39) SCOT erfasst solche Konstruktionsleistungen nicht adäquat, wenn Gender nur als Frauenthema, nicht aber als Strukturkategorie auftaucht. Denn gerade die in männlichen Subkulturen entwickelte Technik ist eine hochgradig genderisierte, und diese bekommt erst eine feministische Perspektive auf die Herstellung von Technik als männliche Kultur wie auch auf Männlichkeit als technische Enklave in den Blick.

Die grundlegenden Differenzen zwischen konstruktivistischer und feministischer Techniksoziologie sind in der Wissenschaftskultur und im politischen Anspruch begründet: Der technische Mainstream-Konstruktivismus vernachlässigt die sozialen Konsequenzen von Technologien und das Machtungleichgewicht von Gruppen, ist damit politisch abstinent und inhärent konservativ (Berg/Lie 1995). Der Feminismus dagegen operiert mit den Konzepten von Macht und Herrschaft, beginnt bei der Asymmetrie zwischen den Geschlechtern und interessiert sich für die Erklärung ihrer (technisch vermittelten) Kontinuität statt für technischen Wandel (Cockburn 1992: 44; Lohan 2000: 905f.).

Vor diesem Hintergrund entstand in den neunziger Jahren eine feministische Technikforschung, die vor allem durch *Cultural Studies*, Anthropologie und postmoderne Philosophie beeinflusst ist (Plant 1996; Stone 1995; Haraway 1995a). Arbeiten aus diesem Umfeld stehen in einer gewissen Distanz zu den klassischen STS-Studien, indem sie Technik als Text, als Konsumobjekt und/oder auch als Kommunikationsmedium begreifen. Dagegen werden hier die ANT-Forderungen eingelöst, Technik als ein nahtloses Gewebe von Materiellem und Kulturellem zu fassen. Einflussreichste Theoretikerin dieser Richtung ist die Biologin und Wissenschaftshistorikerin Donna Haraway[7]. Mit dem Konzept des „situierten Wissens" (Haraway 1988) lässt sie monistische Auffassungen einer „weiblichen" oder „standortgebundenen" (Hartsock 1987) Erkenntnisweise hinter sich, mit der Formel des *Cyborg* (s.u.) plädiert sie gegen eine Verteufelung der Technik und für eine genussvolle Auseinandersetzung mit den verschwimmenden Grenzen zwischen Technik und Kultur, Natur und Kultur, Bio- und Informationstechnologien. Was bedeutet das?

Haraway plädiert für einen Feminismus, der Weiblichkeit nicht als das Andere der der Technik faßt, sondern als „zutiefst technische Einschreibfläche, auf die sich eine ‚männliche Superstruktur' einträgt" (Angerer 1997: 36). Weiblichkeit und Technik sind keine Gegensätze, sie können im Gegenteil ineinander aufgehen. Im Gegensatz zu konstruktivistischen Perspektiven zählt damit nicht mehr allein das Soziale (Weiblichkeit als Konstruktion), sondern ebenso das Materielle (Technik und auch Natur). Entsprechend schlägt Haraway mit ihrem Konzept des „situierten Wissens" ein Modell für eine kritische Wissenschaft vor, das die Konstruktion einer Subjektposition hinter sich lässt, die sich durch Abgrenzung von Technik oder auch Natur definiert. Situiertes oder verkörpertes Wissen dagegen entsteht aus der Verknüpfung von Körpern und Bedeutungen und ist nicht mit Begriffen wie „Diskurs" oder „soziale Konstruktion" identisch, die ausschließlich sprachlich vermittelte Praktiken und Wissen umfassen.

Das anvisierte neue Natur-Kultur-Technikverständnis basiert auf der nicht mehr möglichen Abgrenzung von Natur, Mensch oder Organismus und Technik. Diese verschmelzen zu einem eigenständigen Neuen – dem *Cyborg:* einem *cybernetic organism*[8].

---

7 Haraway 1988; 1995a; als Überblick siehe Hammer/Stieß 1995; Müller/Nievergelt 1996; Weber 1997; 1998.

8 Der Begriff *Cyborg* bezeichnet auf der einen Seite technologisch-organische „Objekte", die im Rahmen der herrschenden gesellschaftlichen Wissenschafts- und Technologieverhältnisse hervorgebracht werden und gesellschaftliche Realität beschreiben: „Der moderne

„Cyborgs sind kybernetische Organismen, Hybride aus Maschine und Organismus, ebenso Geschöpfe der gesellschaftlichen Wirklichkeit wie der Fiktion." (Haraway 1995: 33). In ihrem „Manifest für Cyborgs" (1995: 36-39) postuliert Haraway den Zusammenbruch dreier entscheidender Grenzziehungen, nämlich zwischen Tier und Mensch, Organismus (Tier/Mensch) und Maschine sowie Physischem und Nichtphysischem. Erstens ist laut Haraway der Unterschied zwischen Mensch und Tier – das haben evolutionstheoretische Untersuchungen gezeigt – willkürlich gesetzt. Das betrifft den Gebrauch von Werkzeugen, von Sprache wie auch das soziale Verhalten und geistige Prozesse. Zweitens bringen neue Technologien mittlerweile Maschinen hervor, die beängstigend lebendig erscheinen. Insofern ist auch die Trennlinie zwischen Organismus (Tier/Mensch) und Maschine nicht mehr haltbar. Schließlich fällt auch die Unterscheidung zwischen Physischem und Nichtphysischem. Denn vor allem mikroelektronische Geräte als Prototypen moderner Maschinen sind ebenso unsichtbar wie allgegenwärtig, Künstliche Intelligenz ist materiell wie auch immateriell, verändert die Erfahrung und ist zu einem neuen gesellschaftlichen Machtfaktor geworden.

Die Forderung nach einer solchermaßen „entdifferenzierenden Analyse" lösen Studien zu körperlich Behinderten, Verhütung, In-vitro-Fertilisation, Schönheitschirurgie und Gentechnik empirisch

---

Krieg ist eine Cyberorgie, programmiert in der Sprache von C^3I, Command-Control-Communication-Intelligence, ein Posten, der sich 1984 im US-Verteidigungshaushalt auf 84 Milliarden Dollar belief." (Haraway 1995b: 34) Sieben Jahre nach der Erstveröffentlichung Haraways Manifest wurde der moderne Cyberkrieg erstmals in der Golfkrise Wirklichkeit, im Afghanistan-Krieg fand er seine Fortsetzung. *Cyborg* hat aber auch eine zweite Bedeutung. Wenn Haraway von *der Cyborg* spricht, meint sie „postmoderne Menschen", die als oppositionelle feministische Erzählfigur, als Fiktion und als Vision einer subversiven Lebensweise fungieren.

ein[9]. Vor allem die neuen Forschungen zum alten feministischen Thema der Reproduktionstechnologien sind dadurch geprägt, dass sie sich von der Suche nach Unterschieden zwischen Männern und Frauen als zentralen Erklärungsfaktoren verabschiedet haben und stattdessen die Vielfalt vergeschlechtlichter Handlungsweisen berücksichtigen. Darüber hinaus fassen sie Körper und Geschlecht nicht mehr als gegeben, sondern als konstruiert; und so findet auch hier ein Einreißen der Grenzen zwischen biologisch und sozial wie auch zwischen technisch und sozial statt: Auch Körper sind technische Artefakte, *Cyborgs*.

Spätestens hier wird deutlich, dass die feministische Techniksoziologie die gestaltende Kraft „softer" Technologien wie dem Computer entdeckt. Empirische Studien zu Informations- und Kommunikationstechnologien waren bislang entweder geschlechtsneutral (Rheingold 1992), familienspezifisch (Silverstone/Hirsch 1992) oder einer Defizitperspektive geprägt (von nachhinkender weiblicher Techniknutzung; siehe 6.1). Ein Beispiel für die Etablierung feministischer Techniksoziologie bis in den *Mainstream* der Technikforschung hinein bieten Studien zum Internet, wo sich das Thema Geschlecht als selbstverständliche Dimension durchgesetzt hat[10]. Das ist kein Zufall. Das Internet erscheint zwar als Raum, in dem sich weitgehend unreglementiert neue soziale Formen und individuelle Handlungsstrategien entwickeln können. Der Schein jedoch trügt. Weit davon entfernt, eine Spielwiese post-, gemischt- oder entgeschlechtlichter Identitäten zu sein, setzt sich der Zwang zur Zweigeschlechtlichkeit auch im Netz durch, auch wenn keine körperlichen Insignien wie Alter, Rasse oder eben Geschlecht verfügbar sind. Bisherige Untersuchungen zur geschlechtsspezifischen Interaktion in IRCs (Inter Relay Chats), *chatrooms* und MUDS (interaktive, textbasierte Online-Foren zu den verschieden-

---

9 Vgl. Casper/Clarke 1998; Clarke/Fujimura 1992; Franklin 1997; Singleton/Michael 1993.

10 Vgl. Collmer 1997; Kember 2000; Rosenberg 1997; Slevin 2000; Thimm 2000; Turkle 1998.

sten Themen) haben gezeigt, dass das Geschlecht eine ganz zentrale Bedeutung im Netz hat[11]. So fügen sich in einer Welt ohne Begrenzungen TeilnehmerInnen in *chatrooms* in viel engere Stereotypen als in der „Welt draußen". Es findet eine Reproduktion von Verhaltensweisen statt, die dem klassischen Arsenal „männlicher" und „weiblicher" Kommunikationsformen entstammen[12]. Jodi O'Brien (1999: 87) spricht in diesem Zusammenhang von einem *hypergendering*: Statt einer Differenzierung und einer Ausbildung neuer Formen von Identitäten kommt es zu einer größeren Homogenisierung und Verstärkung von Stereotypen. Gerade Beobachtungen zu den engen Grenzen des *gender swapping* (dem spielerischen Wechsel des Geschlechts im Internet) widerlegen die oftmals unterstellte Bedeutungslosigkeit von Geschlecht im Netz (Turkle 1998; Stone 1995).

Resümiert man den Forschungsstand zum Zusammenhang von Technik und Geschlecht, hat eine deutliche Verschiebung der Perspektiven stattgefunden, die auf zweierlei schließen lässt: zum einen auf eine deutliche Annäherung von Feminismus und Techniksoziologie, zum anderen auf ein gewachsenes Selbstbewusstsein feministischer TechnikforscherInnen, was das Aushalten von Verschiedenheit in den eigenen Reihen angeht. Thematisch sind drei Novitäten zu notieren (Fox 1998; Schiebinger 1999; Wajcman 2000): Nachdem erstens jahrelang der Einfluss von Technik auf die Geschlechterbeziehungen als Forschungsthema dominierte, geht es jetzt verstärkt um die Frage, wie Geschlechterbeziehungen das Design von Technik gestalten. Neu ist zweitens, dass die ver-

---

11 Vgl. Kendall 1998; O'Brien 1999; Morahan-Martin 1998; Weiser 2000.

12 Beispielsweise kommunizieren Männer aggressiver und konkurrenzorientierter, Frauen suchen stärker Konsens und unterstützen andere. Diese ethnografischen Befunde werden durch psychologische Studien gestützt (Herring 1997; Weiser 2000): Frauen nutzen die Email-Funktion im Internet stärker, Männer schätzen es mehr zu Unterhaltungs- und Freizeitzwecken.

wendeten Kategorien nicht mehr fix und unveränderbar sind, sondern ständig im Fluss, in Konstruktion und Veränderung. Drittens sind die Analysen optimistischer geworden: Technik ist kein männliches Teufelswerk oder -werkzeug mehr, sondern kann Mittel feministischer Utopien werden. So plädiert Haraway dafür, sich selbst als *Cyborg* anzuerkennen, dabei die Verwischung bisheriger Grenzziehungen zu genießen und dabei auch politische Verantwortung zu übernehmen: „Ich bin mir der merkwürdigen Perspektive, die sich aus meiner historischen Situation ergibt, bewußt. Die Promotion in Biologie eines irisch-katholischen Mädchens wurde durch die Auswirkungen des Sputnikschocks auf das US-amerikanische Bildungssystem ermöglich. Mein Körper und Geist sind gleichermaßen ein Produkt des Wettrüstens nach dem Zweiten Weltkrieg, des Kalten Kriegs und der Frauenbewegung. Ich halte es allerdings für aussichtsreicher, die widersprüchlichen Effekte einer Politik zu bedenken, die zwar dazu bestimmt war, loyale, amerikanische TechnokratInnen hervorzubringen, dabei aber gleichzeitig eine Zahl von DissidentInnen in die Welt gesetzt hat, als sich in der Betrachtung gegenwärtiger Niederlagen zu verlieren." (Haraway 1995b: 61)

7 Technik und Alltag: Kulturtheoretische und realistische Techniksoziologie

Die Geschichte der Technisierung des Alltags ist weitgehend unbeachtet verlaufen (Giedion 1982). Denn dass wir mit der Waschmaschine statt dem Waschkessel waschen, mit FreundInnen telefonieren statt sie zu besuchen, mit dem Computer statt der Schreibmaschine Texte schreiben, ist so selbstverständlich geworden, dass die damit verbundenen technischen Innovationen niemandem mehr auffallen. Prototyp für sichtbare Technisierungsprozesse ist dagegen nach wie vor die Industrie und dort vor allem die Automobilbranche, der Werkzeugmaschinenbau sowie neuerdings die Halbleiterindustrie (vgl. Kap. 5). Im Vergleich dazu setzte die Technisierung des Alltags mit deutlicher Verzögerung ein und verläuft eher konfliktfrei (Braun 1993; Hennen 1992). Auch wenn mittlerweile Telefon, Waschmaschine, PKW, verschiedene Haushaltsgeräte und inzwischen oft auch Computer zur Standardausstattung von Haushalten gehören und der Anteil der privaten Haushalte an der Technisierung dem der Industrie vergleichbar sein dürfte (Hennen 1992: 59), fehlt dem Alltag – zumindest für die etablierte Technikforschung – der Charme des wissenschaftlich Innovativen, Aufregenden, Spannungsgeladenen. Warum also überhaupt ein techniksoziologisches Interesse am Alltag? Mit dieser Frage setze ich mich im ersten Abschnitt auseinander (7.1), um sodann kulturtheoretische (7.2) und realistische (7.3) Perspektiven auf Technik und Alltag vorzustellen.

7.1 Warum eine Techniksoziologie des Alltags?

„Alltäglich" heißt zunächst einmal „relevant für alle" (Joerges 1988b: 21). Für eine techniksoziologische Auseinandersetzung mit einer „Welt, die dem Einzelnen, seinem Handeln zugänglich ist" (Hennen 1992: 107), sprechen mehrere Gründe. Zunächst einmal heben neue Informations- und Kommunikationstechnologien die Trennung von Arbeit und „Leben" tendenziell wieder auf (z.B. in Form der Telearbeit), womit Vermittlungsprobleme zwischen verschieden stark formalisierten Bereichen zu bewältigen sind. Dann spielen Fragen zum Sicherheitsbedürfnis des Staates vs.

Schutz der Privatsphäre („gläserne/r BürgerIn“) eine Rolle. Weiter ist Technik am Wandel von Lebensstilen beteiligt, z.B. dem Verschwinden von „Volkskulturen“ (z.B. die Verdrängung der Hausmusik durch Stereoanalagen). Schließlich verlieren „harte Paradigmen“ wie „Arbeit“ und „Industrie“ in der gesamten sozialwissenschaftlichen Literatur zugunsten von „weichen“ Konzepten wie „Kommunikation“ und „Kultur“ an Bedeutung (Rammert 1988b: 166; Joerges 1988b: 41-46).

In diesem Kapitel interessiert der Alltag vor allem aus drei Gründen. Erstens entzünden sich daran theoretische Kontroversen darüber, wie der Zugang zu Technik am sinnvollsten zu konzipieren sei. Zweitens bietet die Alltagsperspektive eine gute Gelegenheit, sowohl mikro- wie auch makrosoziale Prozesse der Technisierung empirisch zu untersuchen. Und dass Technik einen konstitutiven Anteil an Modernisierung hat, wird drittens nirgends deutlicher als bei der Auseinandersetzung mit dem Alltag: Er galt bislang oft als modernisierungsresistentes Terrain, das im Sinne eines *cultural lag* technischen Innovationen hinterher hinkt. Diese Auffassung greift zu kurz. Denn im Alltag konvergieren verschiedene Systemlogiken ebenso, wie sie auch miteinander in Konflikt geraten.

Um solchen Strukturen und Rationalitäten von Alltagshandeln auf die Spur zu kommen, bieten sich zwei Zugänge an: Kulturtheorien begreifen Alltagshandeln als eigensinnigen Aneignungsprozess, während eine Soziologie der Sachverhältnisse darin eine Verlängerung technisch vermittelter Rationalisierungsimperative sieht. Kultur- wie auch rationalisierungstheoretische bzw. an Sachverhältnissen orientierte Zugänge zu Technik im Alltag verorten den Alltagsbegriff – freilich mit verschiedenen Schwerpunktsetzungen – auf drei Ebenen (Joerges 1988b; Braun 1993: 29). Einmal als besondere Wissens- und Handlungsform, die sich durch eine laienhafte oder „Betroffenen“-Perspektive gegenüber Professionellen auszeichnet; sodann als spezielle Form der Institutionalisierung des Handelns, in der kulturelle oder gemeinschaftsartige gegenüber zweckhaften oder instrumentellen Orientierungen dominieren; und schließlich als sozialräumlich umschriebenen Lebens-

und Tätigkeitsbereich, zu dem Haushalt, Freizeit und Öffentlichkeit gehören. Die Schwierigkeiten bei der Präzisierung des Alltagsbegriffs liegen vor allem darin, dass es sich nicht um einen sozialräumlichen oder objektsprachlichen, sondern um einen Begriff der Selbstreflexion handelt. Denn Alltag bezeichnet ein Wahrnehmungsmuster der Subjekte von ihren eigenen Handlungen, ist also eine Subjektkategorie. Darauf nehmen vor allem Kulturtheorien Rücksicht. Gemeinsamer Bezugspunkt kulturtheoretischer und realistischer Konzepte ist gleichwohl das „Spannungsverhältnis zwischen Anpassung und Gestaltung" (Joerges 1988b: 11): Technische Artefakte sind nicht beliebig (Realismus), aber auch nicht „einsinnig" (Kulturalismus) verwendbar. Wird der Alltag mit geradlinigen Organisationsprinzipien aus der Arbeitswelt durchsetzt? Oder wird Technik durch den Alltag eigensinnig assimiliert? Hier wird wieder eine bereits in Kapitel 2 aufgeworfene Frage aktuell: „Does technology drive history?" (Smith/Marx 1994)

7.2 Kulturtheoretische Zugänge zu Technik und Alltag

In einer kulturtheoretischen Perspektive in der Techniksoziologie erscheinen Technisierungsprozesse im Alltag als eigensinniges und widerständiges Handeln[1]. Wie bereits angedeutet, fungiert der Alltag nicht als substanzielles oder räumliches, sondern als analytisches Konstrukt, um die Perspektive denkender und handelnder Gesellschaftsmitglieder nachvollziehen zu können. Alltag ist damit eine Ressource von Sinn und weist SoziologInnen an, „von den sozialen Problemstellungen, Deutungen und Handlungsweisen der einzelnen Gesellschaftsmitglieder auszugehen." (Hörning 1988: 53) Letztere eignen sich Technik aktiv an, und der Modus der Aneignung hängt in einem hohen Maß von den kulturellen Orientierungen der NutzerInnen ab. So stellt der amerikanische Stadtplaner, Architekturhistoriker, Literatur- und Kulturkritiker Lewis

---

1 Vgl. Biervert/Monse 1988; Hörning 1988; 1989; 1995; Rammert 1988b.

Mumford (1977: 20) den geistigen Aspekt gegenüber allen Anforderungen der Naturaneignung in den Vordergrund: Der Mensch musste erst etwas aus sich selbst machen, bevor er etwas aus der Umwelt machen konnte – er wurde „mechanisch", bevor er die ersten großen mechanischen Maschinen baute. Letzteren ging die Fähigkeit bzw. der Hang zu Ordnung, Regelmäßigkeit und Regelhaftigkeit in der routinisierten Welt des mittelalterlichen Klosters (vgl. 5.1), in der Armee und schließlich in den Manufakturen und später Fabriken voraus.

Umgekehrt beeinflussen Techniken nicht nur Praktiken, sondern auch Erfahrungsweisen, und Technik ist schließlich selbst Trägerin einer symbolischen Bedeutung. Letztere drückt sich vor allem in verschiedenen Produktkulturen aus – weshalb kultursoziologische Analysen dafür prädestiniert sind, über die Analyse der Entwicklung hinaus vor allem die Nutzungs- bzw. Verwendungsdimension von Technik in den Blick zu bekommen[2]. Berücksichtigt man auf diese Weise nicht nur die funktionalen, sondern auch die symbolischen Qualitäten der Technik, befasst sich eine Soziologie der Alltagstechnik mit Prozessen der Technisierung und Technisierungsresistenz wie auch mit der Wechselwirkung von Anpassung und Eigensinn: Sie zeichnet Prozesse der Technisierung nach, die den Alltag mit technisch-ökonomischer Zweckrationalität infiltrieren, und gleichzeitig fragt sie nach den Widerständen und den kulturellen Freiheitsgraden bei der Verwendung von Technik (Hörning 1988; 1989). Weil Technik multifunktional eingesetzt werden kann und muss, rückt die Möglichkeit und Notwendigkeit einer vielsinnigen Aneignung in den Blick – Kultur wirkt dabei als ein soziales „Bindemittel" ersten Ranges. Auf welchen Wegen tut sie das?

Kulturelle Orientierungen tragen zur sozialen Integration ausdifferenzierter Handlungssysteme bei, „indem sie eine gemeinsame

---

2 Im Gegensatz zur Technikgeneseforschung (vgl. 3.2) erscheint der kulturtheoretische Ansatz damit (geradezu arbeitsteilig) als „Technikverwendungsforschung".

Moral, einen Ethos oder einen Habitus herausbilden und dadurch Spannungen und Unsicherheiten durch modellhafte Stilbildung regeln." (Rammert 1988b: 192) Solche Integrationsleistungen sind vor allem in Krisensituationen gefragt. Letztere treten auf, wenn technische Innovationen durch radikale Andersartigkeit den gewohnten Lebensstil der Beteiligten empfindlich stören und sich nicht umstandslos in den gewohnten Alltag integrieren lassen. So ist etwa der Umstieg auf ein Katalysator-Auto wesentlich einfacher zu bewerkstelligen als auf öffentliche Verkehrsmittel[3]. Zu Krisen kommt es aber auch, wenn neue Techniken durch ihre massenhafte Integration in den Alltag zu unvorhergesehenen Folgeproblemen auf der Systemebene führen, die dann etwa Protestbewegungen aufgreifen. Beispiele dafür sind die aufgrund des ungebremsten Autoverkehrs im Sommer regelmäßig erhöhten Ozonwerte und damit verbundene gesundheitliche Gefährdungen oder die von GlobalisierungsgegnerInnen angeprangerte Verabsolutierung kapitalistischer und technischer Rationalität.

Ein Beispiel für die Bedeutung kultureller Faktoren für die verschiedenartige Diffusion bzw. Aneignung von Technik im historischen und internationalen Vergleich ist die Verbreitung des Telefons in den USA, Großbritannien, Frankreich und Deutschland (Rammert 1993: 239-266; Flichy 1994). Vor allem in der ersten Phase der Diffusion (1884-1921) gibt es gravierende Unterschiede zwischen den USA einerseits und Großbritannien, Deutschland und Frankreich andererseits – bei dem Vier-Länder-Vergleich breitete sich das Telefon in den USA sehr früh und sehr schnell aus, die übrigen Länder zogen erst langsam nach (Rammert 1993: 248f.). Die verschiedenen Diffusionsraten überraschen, weil alle Länder über die notwendigen Ressourcen und die Infrastruktur für

---

3 Hier lässt sich in Anknüpfung an die Technikdeterminismusdebatte (Kap. 2) die Hypothese entwickeln, dass die Trägheit alltäglichen Handelns für Lösungen im Kontext eines *technological fix* empfänglicher ist als für nicht-technische, mit sozialen Koordinationsleistungen oder individuellen Anstrengungen verbundene Lösungen.

den Ausbau eines Telefonsystems verfügten. Entscheidend ist hier, dass es neben der funktionalen Verträglichkeit des technischen Systems mit Politik und Wirtschaft kultureller Aneignungs- und Wandlungsprozesse bedurfte, in denen sich die soziale Akzeptanz interaktiv herausbildete.

Interessant ist dabei der Vergleich des britischen und des US-amerikanischen Kommunikationsstils. In Großbritannien herrschten traditionelle und förmliche Muster der Kommunikation vor: Die Geschäftswürdigkeit hing vom augenscheinlichen gesellschaftlichen Status der Beteiligten ab. Für die standesgemäße Etikette war das Telefon daher eine Bedrohung. Denn ein Telefonanrufer bricht „abrupt in die Privatsphäre ein, gibt beim Klingeln noch nicht seine Anonymität preis und kann nicht mit dem ersten Blick auf seine Klassen- und Standeszugehörigkeit hin taxiert werden.“ (Rammert 1993: 260) In den USA dagegen waren die Grenzen für EinwanderInnen, SiedlerInnen und UnternehmerInnen offen. Im Geschäftsleben dominierten die Ideale des Pioniergeists, der Schnelligkeit und der Effizienz. Dies förderte die Herausbildung einer offenen und pragmatischen Kommunikationskultur mit dem Telefon als idealem Medium. Darüber hinaus wurde es als neues Mittel der Produktwerbung, KundInnenberatung und Wahlbeeinflussung genutzt. Und als ein auf den öffentlich geführten Dialog angelegtes politisches System war die US-amerikanische Demokratie auf das Funktionieren der Zwei-Weg-Kommunikation angewiesen. Dazu erwies sich das Telefon als nützlich, weil es erstens nur Sprachkompetenz als Bedingung hatte und zweitens durch autoritäre Regime kaum kontrollierbar war. Als weiterer Erfolgsfaktor entpuppte sich die breite Informalisierung im gesellschaftlichen Verkehr. Sie resultierte aus der Vermischung der Klassen, Stände und Nationalitäten durch kontinuierliche Migrationsbewegungen, dem Fehlen einer aristokratischen Tradition und der relativ hohen Chance zur Aufwärtsmobilität. Die Verbreitung des Telefons zeigt also erstens, dass sich nationale Kommunikationsstile auf die Akzeptanz und die Verbreitung eines technischen Geräts auswirken, und zweitens, wie unterschiedlich ein technisches Gerät in den kulturellen Rahmen eingefügt werden kann.

Andere Beispiele für die Plastizität von Technik, die sich nicht auf Aspekte der Homogenisierung, Rationalisierung oder Effizienzsteigerung reduzieren lassen, liefern empirische Studien zur Verwendung von Anrufbeantworter, Videorecorder und Computer (Hörning/Ahrens/Gerhard 1996; 1997). Hier kann man drei Aneignungstypen unterscheiden, die nebeneinander existieren: Der „technikfaszinierte Wellenreiter“ ist der Wegbereiter von Innovationen, will Technik instrumentalisieren, seine/ihre Zeitpraxis ist streng ökonomisch ausgerichtet, und bei der Kommunikation steht die Übertragung von Information im Vordergrund. Dagegen ist der „kommunikationsorientierte Skeptiker“ technikfeindlich, will das Leben „entschleunigen“ und sich Zeit schaffen, was hohe „Kosten“ für das Zeitbudget mit sich bringt. Eine solche Technikabstinenz ist heute unter massiven Erklärungsdruck geraten. Der „zeitjonglierende Spieler“ schließlich ist ein eher neuer Typ. Bei ihm/ihr ist Zeit die zentrale Orientierungsgröße. Sie dient weder als rein ökonomische Ressource noch geht es um ausschließlich sinnvolle, d.h. hier selbstverwirklichungsorientierte Zeitverbringung. Dieser Typus schafft sich Freiräume, Puffer und Zeit, um über Zeit disponieren zu können. Im Vordergrund stehen spezifische kommunikative Anschluss- und Vernetzungsmöglichkeiten. SpielerInnen inszenieren ihren Technikeinsatz als Selbstverständlichkeit, Technik erscheint als entproblematisiert, undramatisch und ohne Pathos.

Ein Beispiel für die eigensinnige und kreative Aneignung von Technik liefert schließlich die Verwendung von Computersoftware. Denn kaum ein marktfähiges Standardprogramm ist tatsächlich fertig, jede implementierte Verbesserung birgt neue Fehlerquellen, die erst in der alltäglichen Nutzungssituation offenkundig werden. So verwundert es nicht, dass viele PC-NutzerInnen für einen Umstieg auf das Betrienssystem *Windows 95* bis zu einer überarbeiteten Fassung desselben warteten. Denn die mit einem bombastischen Werbeaufwand im September 1995 auf den Markt geworfene Originalfassung war gespickt mit Fehlern, für deren firmeninterne Entdeckung weder Zeit noch Methoden zur Verfügung standen – der Test der Software fand bei den NutzerInnen statt. Mehr noch: Um ein Textverarbeitungsprogramm wie *WinWord* umfassend nutzen zu können, müssen die AnwenderInnen die Logik der Software-EntwicklerInnen nachvollziehen können und ihre Anwendung computerkompatibel ausrichten (Degele 1996). So kann der scheinbar harmlose Umstieg von der Schreibmaschine auf den Computer damit verbunden sein, bisherige Denkweisen und Arbeitsroutinen umzustellen und sich auf eine völlig neue Arbeitsweise einzulassen. Damit gehen zwangsläufig größere Freiheitsgrade der Nutzung einher: NutzerInnen sind gezwungen, sich Programme kreativ und vielsinnig anzueignen. Als Konsequenz verwenden NutzerInnen die Programme nie so, wie es eigentlich geplant ist. Dieser Aneignungszwang wurzelt im modularen Charakter von Software. Was damit gemeint ist, zeigen besonders plastisch zahlreiche Expertensysteme der achtziger und frühen neunziger Jahre (Degele 1994). Solche „intelligenten" Programme werden konzipiert, um einen vorab zumindest vage definierten Nutzen zu bringen. Zur sinnvollen Umsetzung der einzelnen Teilaspekte nun ist ein Entwicklungsansatz erforderlich, der nicht nur der ursprünglichen Zieldefinition, sondern auch noch anderen Bedürfnissen gerecht wird: Ein Telefonkonfigurationssystem soll einerseits Telefonanlagen kostengünstig zusammenstellen, gleichzeitig aber Verträge ausdrucken; ein Geldanlageberatungssystem soll Vorschläge für eine gewinnbringenden Anlage des Ersparten unterbreiten, gleichzeitig aber Beratungsprotokolle liefern; ein Diagnosesystem soll ÄrztInnen bei der Anamnese von PatientInnen unterstützen und Diagnosen vorschlagen, gleichzeitig aber beim Schreiben von Arztbriefen entlasten. Dieser modulare Aufbau ist der Entwicklung von Expertensystemen inhärent. Gleichzeitig bietet er NutzerInnen die Möglichkeit einer „Unterminierung" der Zielvorstellung. Sie können die ursprünglich intendierte Rolle des Expertensystems als „intelligente AssistentIn" zum „dummen" Infosystem, Prospektersatz, Taschenrechner,

Stichwortregister, Arztbriefformular usw. umdefinieren und es damit ihrer Arbeitssituation anpassen.

7.3 Realistische Techniksoziologie: Bemerkungen zu einer Soziologie der Sachverhältnisse

Kulturtheoretisch gesehen verfügt Software über ein technisch verankertes Potenzial, eingelebte Routinen zu ent- wie auch zu restrukturieren. Technik allgemein unterstützt oder verlängert damit nicht einfach eingeübte Verhaltens- und Anwendungsroutinen, sondern erzwingt neue, kreative Aneignungsmodi. Ein solches Ent- bzw. Restrukturierungspotenzial von Technik lässt sich auch ganz anders deuten. Einen auf den ersten Blick geradezu entgegengesetzten Zugang zum Zusammenhang von Technik und Alltag nämlich wählt die realistische Perspektive, die die aus der Soziologie verbannten Artefakte (vgl. 1.2) zurückholen will (Joerges 1979; 1988b; 1989a). Dazu rekurriert sie zum einen auf Max Webers Rationalisierungsthese, wonach ein zunehmender Technikeinsatz mit Prozessen der Ökonomisierung, Standardisierung und Spezialisierung verbunden ist (vgl. 5.2, 5.3 und 6.1). Zum anderen begreift sie Technik als eine äußere, den Handelnden gegenüberstehende soziale Struktur, die handlungsnormierende Zwänge ausübt – ganz im Sinne von Émile Durkheims Definition eines soziologischen Tatbestands als „jede mehr oder minder festgelegte Art des Handelns, welche die Fähigkeit besitzt, auf den einzelnen einen äußeren Zwang auszuüben; oder auch, die im Bereiche einer gegebenen Gesellschaft allgemein auftritt, wobei sie ein von ihren individuellen Äußerungen unabhängiges Eigenleben besitzt." (Durkheim 1984: 114) Neben Durkheim geht diese Annahme vor allem auf die Überlegungen des Gemeindesoziologen Hans Linde (1972) zurück, der am Beispiel der räumlichen und materialen Struktur eines Dorfes zeigt, wie „Sachen" soziale Verhältnisse begründen[4]. In einer darauf aufbauenden „Soziologie

4 So demonstriert Linde beispielsweise, wie Parks, Gebäude, Plätze, Monumente, Gaststätten etc. über ihre funktionale Bedeutung hinaus soziale Verhältnisse stiften und festigen und auch Gefühle wie Hei-

der Sachverhältnisse" (Joerges 1979) ist Technisierung ein Spezialfall der Formalisierung von Handlungsstrukturen, „weil hier Komplexe maschineller Operationen gemäß einem relativ geschlossenen, formalisierten Regelsystem rigide und auf einige Dauer festgelegt sind" (Joerges 1989a: 65f.). Handeln wird damit berechen-, prognostizier- und steigerbar. Joerges spricht in diesem Zusammenhang von einer „Übertragung eines Handlungskomplexes an Geräte" (1988b: 39) bzw. der „Externalisierung sozialer Normen an realtechnische Strukturen" (1988c: 242) vor allem durch Prozesse der Ritualisierung. Noch weiter gefasst sind Maschinen „Dekontextiereinrichtungen" (Joerges 1989b), die die Materialisierung eines bestimmten Handlungsablaufs von den normativen und symbolischen Handlungsorientierungen ablösen. Realistisch wird eine solche Techniksoziologie genannt, weil sie die Materialität in der Weise ernst nimmt, dass sie dieser ein handlungsnormierendes Potenzial zuspricht (Joerges 1979; 1989a: 46)[5].

Eine solche Soziologie der Sachverhältnisse begreift die Beziehung von Technik und Alltag als Formalisierung des Alltagshandelns durch Technisierung. Soziale Wertorientierungen gehen dabei über (technische) Normen in die Konstruktion von Technik ein. Verlängert man diese Perspektive bis zu den TechniknutzerInnen, dann sind es die jeweiligen „sachvermittelten oder technischen Sozialverhältnisse" (Hennen 1992: 66), die die konkrete Aneignung von Technik in feste Bahnen lenken. Das heißt erstens, dass das technische Design der Dinge eine bestimmte Verwendungsweise vorgibt oder zumindest eingrenzt: Eine Uhr kann man zum Wecken wie auch zum Zeitmessen benutzen, nicht aber zum Zähneputzen. Zweitens werden die NutzerInnen in technische Zusammenhänge „integriert", d.h. beispielsweise in eine klientIn-

matverbundenheit zum Ausdruck bringen können. Gegenstände selbst und nicht nur soziale Institutionen tragen also Handlungscharakter!

5 Damit bildet sie einen Gegenpol zur sozialkonstruktivistischen Techniksoziologie (6.2). Zu einer anderen Variante einer realistischen Techniksoziologie vgl. Kap. 8.

nenhafte Rolle innerhalb des Zuliefer- und Servicesystems gedrängt, oder ihnen werden mitunter elaborierte Kompetenzen wie bei der Bedienung von Videorecordern zugemutet. Die Differenzierung in Technikherstellung (Wissenschaft und Industrie) und Technikverwendung (Alltag) bedingt damit eine Integration in entsprechende Rollen von ExpertInnen und LaiInnen mit einer je spezifischen Rationalität.

Über diese Rollenzuschreibung nimmt die realistische Techniksoziologie eine Neubestimmung des Alltagsbegriffs vor. Sie grenzt laienhafte und häusliche Verwendungszusammenhänge von Technik sowie Handlungsformen, die speziell auf Gebrauchstechnik bezogen sind von profesioneller Technikverwendung ab[6]. Im nächsten Schritt bestimmt sie professionelle Kompetenzen als an Leistungsnormen der Berufswelt orientierte Fachkenntnisse, die eine spezielle Ausbildung erfordern. Professionalität und Laientum stehen dabei in einem wechselseitigen Begründungsverhältnis zueinander. Professionelles Handeln kann laienhafte Technikverwendungen unterstützen (was umgekehrt nicht gilt); zu den Kompetenzen von technischen Laien gehört dagegen das Wissen um die Differenz ihres Handelns gegenüber professionellem Handeln (Braun 1993: 31-37). Vor diesem Hintergrund erscheint die Technisierung des Alltags als gleichzeitige Entwicklung von „Trivialisierung und Professionalisierung der Technik“ (Weingart 1988: 151f.): Der Weg von der Kerze zum elektrischen Licht in der Wohnung führt einerseits zu größerer Kontrolle und Bequemlichkeit, andererseits aber zur Auslagerung und Professionalisierung der Lichterzeugung und damit zu einem Kontrollverlust: Die All-

---

6 Vgl. Joerges 1988b; Halfmann 1996; Weingart 1988. Die Abgrenzung von laienhaftem und professionellem Handeln (Halfmann 1996) ist freilich auch nicht trennscharf. Denn auch Professionalität beruht auf hochgradig eingespielten und nicht mehr hinterfragten Routinen, und darüber hinaus bezieht sich der Laienbegriff in keiner Weise exklusiv auf Technik (Braun 1993: 31).

tagsverwendung wird einfacher, aber die Herstellung wird professioneller.

Weil hier die außerbetriebliche Form der Technikverwendung und der Umgang mit dinglichen Umwelten im Vordergrund stehen, meint Technik im Alltag dann vor allem Technik außerhalb von Industrie und Verwaltung (Joerges 1988b: 7): Technik in der Wohnung, im Auto oder im Supermarkt, Bankautomaten, Mobiltelefone und Videorecorder, Technik im Sport, im Spiel, im Kino oder im Krankenhaus, aber auch die alltägliche Inanspruchnahme von technischen Leistungen wie Stromerzeugung, Telekommunikationssystemen, Kanalisation und Flugüberwachung. Gesellschaftstheoretisch formuliert heißt das, dass Technik konstitutiven Anteil an Prozessen der Modernisierung hat. Denn die Differenzierung in professionell und laienhaft organisierte Handlungsbereiche ist eine klassische Modernisierungsfolge, und eine damit verbundene Formalisierung des Handelns ist „Voraussetzung für die Verkettung und Beschleunigung sehr ausgedehnter Handlungsabläufe sehr ausgedehnter Kollektive" (Joerges 1988b: 31). Was damit ebenfalls in den Blick kommt, ist eine Differenzierung von Rationalitäten und Handlungsorientierungen in Technikentwicklung und alltäglichem Lebenszusammenhang. So begreifen Biervert/Monse (1988: 97) in Anknüpfung an Habermas den Zusammenhang von Technik und Alltag „als ein Problem des Aufeinandertreffens gesellschaftlicher Bereiche [..], die nach unterschiedlichen Logiken funktionieren". In genau diesem Sinn kann Technik als Kolonialisierungsmedium von Politik und Wirtschaft wirksam werden. Indikatoren für Interferenzen und Kolonialisierungen sind dabei vor allem Akzeptanzprobleme.

Problematisch an diesem Ansatz bleibt freilich, den Einfluss von Technik auf Handeln „als mehr oder weniger deutliches Übergreifen von Handlungsrationalitäten und Zielen des Erzeugungskontextes auf den Verwendungskontext Alltag, d.h. auf die Orientierungen der privaten Techniknutzer" (Hennen 1992: 67) zu reduzieren. Denn in dieser Sichtweise sind Technik und Alltag verschiedenen Logiken der Vergesellschaftung zugeordnet (systemische Integration durch Technik vs. soziale Integration durch Verständigung im Alltag). Diese beiden Bereiche werden im Zuge fortschreitender Modernisierung entkoppelt, und systemische Imperative greifen auf die von kultureller Verarmung bedrohte Lebenswelt über. Der Vorteil dieser von Jürgen Habermas ausgehenden Konzeption liegt darin, Technik nicht als determinierende Kraft, sondern die beiden Rationalitätsbereiche als konfligierend, ihr Verhältnis zueinander als „Interferenzproblem" (Biervert/Monse 1988) fassen zu können. Problematisch ist dabei die kaum zu vermeidende Gefahr, einem Gesellschaftsbereich immer auch eine Rationalitätsform zuzuschlagen: Der Alltag erscheint als per definitionem technikfremd, wird kolonialisiert, Technik geht in Rationalisierung auf. Eine Vermittlung von Rationalitäten findet nicht statt, lediglich ein Aufeinandertreffen.

Das zentrale theoretische Problem dieser Auffassung liegt in einer wechselseitig unterstellten Fremdheit der Rationalität der Technik und des Alltagshandelns. Der Alltag ist aber kein Hort des kommunikativen, sozial integrierten Handelns, während die Technik purer Zweckrationalität unterliegt. Dem skizzierten Entkopplungsgedanken entsprechend fallen die Diagnosen empirischer Befunde entsprechend aus: Die Verbreitung von Informations- und Kommunikationstechnologien beispielsweise gehe mit einer Verarmung und Entpersönlichung der Kommunikation einher (Mettler-Meibom 1993; Kraut u.a. 1998), und es drohe eine Entsinnlichung oder gar Algorithmisierung des Handelns (Bammé u.a. 1983; Hochgerner 1986). Technisch regulierte Handlungsweisen würden andere (kommunikative) Handlungsregulationen verdrängen, technische Imperative sich vom industriellen auf den Alltagsbereich ausdehnen, sie ersetzen oder zumindest an ihre Seite treten[7].

---

7 Treibt man den Entkoppelungs- oder Differenzierungsgedanken weiter, muss man Technik – und dies ist die Luhmannsche Variante – konsequenterweise der Umwelt von Gesellschaft zuschlagen (Kap. 9). Auch damit kann man nicht erklären, warum es überhaupt zu verschiedenen Aneignungsweisen von Technik im Alltag kommt.

Auch aus der Perspektive der in Kapitel 6 vorgestellten feministischen Techniksoziologie greifen solche Diagnosen zu kurz. So ist der private Haushalt trotz eines hohen Technisierungsgrads weitgehend resistent gegenüber technischen Rationalisierungseffekten geblieben. Beispielsweise hat die zunehmende Ausstattung mit technischen Gebrauchsgütern nicht zur einer Reduktion der Hausarbeit geführt (Hennen 1992: 61). Das hat mit dem Rückgang von Dienstpersonal zu tun (Schwartz-Cowan 1976). Außerdem fallen für neue Geräte Wartung, Übung und Entsorgung an. Darüber hinaus sperrt sich die „Logik“ der Hausarbeit als ganzheitliche Tätigkeit einer durchgreifenden Rationalisierung. Schließlich setzen neue technische Geräte auch neue Standards. So hat die Einführung der Waschmaschine nicht dazu geführt, dass die Zeit für Wäschewaschen gesunken ist. Vielmehr sind die Reinlichkeitsstandards gestiegen und führen zu häufigerem Waschen (Braun 1993: 105). Neue Geräte wie die Waschmaschine und der Mikrowellenherd haben vor diesem Hintergrund zu keiner Aufweichung der Geschlechterrollen geführt (Cockburn/Ormrod 1993), eher im Gegenteil (Thrall 1982). Mit der Technisierung ging aber eine veränderte Definition der Hausfrauenrolle und damit auch des Selbstverständnisses von Frauen einher, nämlich in Richtung zunehmender Professionalisierung einerseits (durch die Etablierung neuer Reinlichkeitsstandards) wie auch Emotionalisierung andererseits (durch die Bedeutungszunahme der Kindererziehung). Die Einführung neuer Technik ändert somit die objektiven Bedingungen des Alltagshandelns und verlangt den Frauen professionellere Arbeitsweisen ab.

Fazit: Kulturtheoretische und realistische Sichtweisen müssen sich trotz ihrer Verschiedenheit keineswegs widersprechen. Vermittlungsversuche aus einer realistischen Perspektive sind Modelle der Mehrfachintegration (Joerges 1979) und der „Technik-Spiralen“ (Braun 1993), aus kulturalistisch-systemtheoretischer Perspektive Konzepte rekursiver Kreativität (Degele 1997b). Allesamt gehen sie davon aus, dass die Anschaffung von Technik Probleme lösen soll, die sich aus alltäglichem (oder eben auch professionellem) Handeln ergeben. Technik integriert und formalisiert dazu verschiedene vorher unverbundene Handlungen und eröffnet damit gleichzeitig neue Handlungsoptionen, die aktiv (bzw. kreativ) angeeignet werden (müssen). Mit der Zunahme von Handlungsvielfalt entsteht wiederum neuer Regulations- bzw. Koordinationsbedarf, der zu Abstimmungsproblemen auf einer höheren Ebene und zur Anschaffung neuer Technik und/oder zur technischen Weiterentwicklung führt. Der Prozess beginnt damit von neuem.

In einem solchen Verständnis sind Technisierung und Kulturalisierung des Alltags „zwei sich wechselseitig steigernde Teilprozesse einer selbstläufigen Dynamik" (Braun 1993: 22), oder anders fomuliert: Technisierung und Kulturalisierung des Alltags modernisieren sich wechselseitig im Sinne eines Steigerungsprozesses. So verwundert nur noch auf den ersten Blick, „dass zwischen dem Phänomen ‚Mode' und der sinkenden Trinkwasserqualität ein enger Zusammenhang besteht. Wie in der Fallstudie ausführlich beschrieben, hat eine Begründung dieses Zusammenhangs bei der durch die Waschmaschinen ermöglichten Entfaltung modeabhängiger Bekleidungsgewohnheiten anzufangen und nach einem nahezu kompletten Durchgang durch die im Modell vorgegebenen ebenen- und dimensionsspezifischen Integrationsmuster beispielsweise bei den umweltkritischen Weichspülsubstanzen zu enden, die die biologischen Klärstufen durchbrechen und in Trinkwasserreservoirs gelangen" (Braun 1993: 304).

Teil 3
Techniksoziologie als Gesellschaftstheorie

8 Technik postsozial: Aktor-Netzwerk-Theorie

Im Zusammenhang mit der feministischen Technikkritik und -soziologie habe ich die konstruktivistische Auseinandersetzung mit Technik vorgestellt (6.2). Mit ihrer These der sozialen Gemachtheit erklären KonstruktivistInnen Technisches ausschließlich durch Soziales und bewegen sich damit beständig in sozialdeterministischen Gewässern. Im Gegensatz dazu ist die hier im Mittelpunkt stehende Aktor-Netzwerk-Theorie (ANT) ein ebenso postkonstruktivistisches wie auch realistisches Unternehmen: Sie fragt nicht nach dem *Unterschied* von Technik zu Gesellschaft, Handeln, Denken usw., sondern danach, wie Maschinen zum Handeln gebracht werden. Den Untersuchungen liegt ein Konzept generalisierter Symmetrie bzw. eine „symmetrische Anthropologie" (Latour 1995) zugrunde, nach dem menschliche und nichtmenschliche AkteurInnen analytisch gesehen den gleichen Status haben (8.1). Um solche Vermittlungsprozesse zu analysieren, hat die ANT ein spezifisches Vokabular und eine entsprechende Methode entwickelt. Technik fungiert dabei als „Härter", der soziale Regelungen übernimmt und auf Dauer stellt, also in einen dauerhaften Zustand überführt (8.2). Wenn sie schließlich wissenschaftliche Tatsachen durch extrasomatische Technik (z.B. die Experimentalmaschinerie des Labors) erklärt und wenn etwa Bruno Latour (1995) Hybriden (im Sinne von Haraways Cyborgs oder Quasi-Objekten) Handlungsfähigkeit zuspricht, stellt ANT soziale, natürliche und technische Gegebenheiten auf eine ontologische Stufe – als gleichermaßen postsoziales wie auch gesellschaftstheoretisches Programm (8.3).

8.1 ANT als realistischer Postkonstruktivismus

Mit ländervergleichenden Studien zur Elektrifizierung Amerikas und Europas (Hughes 1983), zur imperialistischen Expansion der Portugals (Law 1987) und zur „Pasteurisierung" Frankreichs (Latour 1988) stellen ForscherInnen im Umfeld von ANT nicht nur die Handlungsmacht einzelner Akteure in Frage. Indem sie Prozesse der Technisierung in ein *seamless web* (Law 1991) von physischen Materialien, Texten, Menschen, Organisationen, Anweisungen, geografischen Widerständen usw. einweben, verstehen sie das Problem der sozialen Ordnung nicht mehr nur über „soziale Mittel" – Soziales lässt sich nicht nur durch Soziales erklären (vgl. Durkeim 1984). In einer solchen Perspektive sind Strukturen nicht nur in den Handlungen der Individuen oder deren kognitiven Konzepten vorhanden. Sie existieren auch und vor allem in den Netzwerken, in denen heterogene Materialien arrangiert sind und als sozialer Kitt wirken[1].

Damit hat die ANT den Konstruktivismus hinter sich gelassen: Ging es in den achtziger Jahren um eine Abgrenzung gegenüber jeglichen Technikdeterminismen, die die ForscherInnen mit einem zumindest in der feministischen Variante hoch politisierten Sozialdeterminismus konfrontierten, so rückt seit den neunziger Jahren die (widerständige) Materialität der Dinge wieder in den Vordergrund. Das ist eine realistische Sichtweise[2]. Denn das Soziale bietet nicht prinzipiell „mehr" Erklärungskraft als das Nicht-Soziale, und diese Dimension gilt es in die Technikforschung zurückzuholen. Theoretiker wie Michel Callon, John Law und vor allem der Wissenschaftsphilosoph und -soziologe Bruno Latour entwickelten vor diesem Hintergrund ein Konzept der Technikforschung, das eine „Rückkehr der Objekte" in die Theorie ermög-

---

1 Dass dabei die Grenze zwischen Menschlichem und Maschinellem variabel und verhandelbar wird, hat außerhalb dieser Forschungstradition bislang am deutlichsten Donna Haraway (1995a) angemahnt (vgl. 6.3).

2 Im Gegensatz zur Realismusvariante von ANT betont die realistische Techniksoziologie (7.3) die harte Materialität der Dinge, von der aus sie das Soziale bestimmt (Joerges 1992: 53). ANT dagegen geht von vornherein von der Nicht-Differenzierbarkeit der beiden Sphären aus.

licht[3]. Ein solcher *realistic realism* (Stalder 2000) operiert jenseits eines modernen, d.h. einem (naiv) auf Wissenschafts- und Fortschrittsglauben verpflichteten Realismus und hält sich ebenso von einem Relativismus fern, der moderne, auf Unterscheidung und Trennung beruhende Erkenntnisse anzweifelt und damit Differenzierungen einebnet. Während klassische RealistInnen an der unüberbrückbaren Differenz von Subjekt und Objekt festhalten und RelativistInnen lediglich verschiedene Sprachspiele konstatieren oder Technik in Text auflösen (Woolgar 1985), leugnet Latour die Differenz zwischen Subjekt und Objekt – ohne jedoch das eine dem anderen zuzuschlagen.

Um die verschiedenen Vorgehensweise exemplarisch zu vergleichen, führt er die Frage an, ob die Schusswaffe oder der Mensch tötet (Latour 1998: 31-36; 1999: 190-193): Der materialistischen (hier: der objektivistischen) Interpretation zufolge tue die Waffe etwas aufgrund ihrer materialen Bestandteile, nach der soziologischen (hier: subjektivistischen) Sichtweise sei die Waffe das Werkzeug eines dahinterstehenden Willens. Latours Erklärung dagegen setzt in der Mitte an: Weder Schusswaffe noch Mensch tötet, was statt dessen agiert, sind „collective[s]-defined as an exchange of human and non-human properties inside a corporate body" (Latour 1999: 193). Die Schusswaffe kann als Sammelobjekt, als Ersatz für einen Hammer, als Jagdgerät oder auch als Mordinstrument wirksam werden. Ihre Verwendungsmöglichkeiten sind allerdings nicht beliebig. Denn ein Gewehr taugt bei-

---

3 Als Überblick vgl. Latour 1995; 1998; Law 1987; Callon/Law 1989; Akrich/Latour 1992; Law/Hassard 1999; Schimank 2000. Dem eigenen Anspruch zufolge ist die Aktor-Netzwerk-Theorie eigentlich keine Theorie, sondern „another way of being faithful to the insights of ethnomethodology: actors know what they do and we have to learn from them not only what they do, but how and why they do it" (Latour 1999: 19). Entsprechend charakterisiert Latour ANT als Prozessbeschreibung, „that says by following circulations we can get more than by defining entities, essence or provinces" (Latour 1999: 20). Vgl. auch Law 1999; Latour 1996.

spielsweise nicht als CD-Player. Dennoch steckt in fast allen Artefakten ein weit größeres Anwendungsspektrum, als ursprünglich bei der Entwicklung intendiert war (vgl. die Ausführungen zur Multifunktionalität und zum Aneignungszwang in Kap. 7).

Die Effekte sind dabei freilich nicht additiv zu verstehen nach der Formel: Schusswaffe + Besitzer = Mord. Die beiden ursprünglichen „Handlungseinheiten" bleiben nicht gleich, durch das Hinzutreten der Waffe entsteht etwas Drittes. Es findet eine Übersetzung statt, eine „Verschiebung oder Versetzung, eine Abweichung, Erfindung und Vermittlung, die Schöpfung einer Verbindung, die in dieser Form vorher nicht da war und in einem bestimmten Maße zwei Elemente oder Agenten modifiziert" (Latour 1998: 34). Die Waffe modifiziert den Träger (aus dem braven Bürger wird ein Mörder), und das Gleiche gilt auch für das Objekt (aus dem Sportgerät wird ein Mordinstrument). Es entsteht ein/e Hybrid-AkteurIn (Aktant) aus Waffe und Schütze – die im Zweifelsfall „gemeinsam morden"[4]. Gemeinsam handeln bei ANT also Aktanten-Netzwerke und keine AkteurInnen (oder Dinge) allein: „Die US Airforce fliegt, nicht die B 52 Bomber." (Latour 1998: 38) Bei der dabei postulierten Symmetrie von Aktanten geht es mit anderen Worten „um jene konstante Reihe von Kompetenzen und Fähigkeiten, die Agenten untereinander austauschen können, indem sie sich wechselseitig überlappen" (ebd.). Weitgehend unbemerkt dringt Technik in menschliche Kollektive ein, stellt Handlungen auf Dauer und übernimmt damit Regelungen des sozialen Miteinanders.

Die Analyse sozialer Prozesse genügt dafür nicht. Diese – hier ist Latour Konstruktivist – sind etwas Gemachtes, freilich auch – das ist postkonstruktivistisch – durch Technik gemacht und „gehärtet". Bruno Latours gesellschaftstheoretische These lautet also, dass

---

4 Zum Vorwurf, hinter allen Objekten stünden doch eigentlich menschliche Interessen, erwidert Latour (1998: 47) lapidar: „Eine hübsche Geschichte, doch sie kommt zu spät. Die Menschen sind schon lange nicht mehr unter sich. Wir haben schon zu viele Handlungen an andere Akteure delegiert, die nun unser menschliches Dasein teilen."

Gesellschaften bzw. Kollektive durch ein Geflecht von Aktanten (das sind durch Handlungen definierte menschliche und nichtmenschliche Elemente in einem Netzwerk) zu einem dauerhaften Ganzen zusammengefasst werden. Solche Netzwerke sind durch Handlungsprogramme gekennzeichnet. Diese sind die „Absichten", die die Aktanten mittels technischer Artefakte bzw. des „Flechtens eines Netzwerks" zu realisieren beabsichtigen. Sie stellen eine Abfolge von Zielen, Schritten und Intentionen dar, die eine Geschichte beschreiben (Akrich/Latour 1992: 260f.). Antiprogramme bezeichnen die Widerständigkeit sozialer und technischer Gegebenheiten gegenüber der Realisierung solcher Handlungsprogramme (z.B. physikalische Gesetze, soziale Normen, gegenläufige Intentionen von Aktanten). Gefordert ist damit ein empirischer Ansatz, der sich auf den untersuchten Gegenstand, nämlich die Netze, einlässt.

8.2 Technik als „Härter"

Um Prozesse der „Härtung"[5] zu veranschaulichen, untersucht Latour Alltagstechniken wie Schlüssel, Langsamfahrschwellen, Sicherheitsgurte und schwere Zimmerschlüsselanhänger. Letztere etwa sollen Hotelgäste dazu bringen, ihre Zimmerschlüssel an der Rezeption abzugeben, wenn bloße Aufforderungen versagen. Diese Innovation illustriert alle fundamentalen Prinzipien, die dem ANT-Konzept zugrunde liegen: Die Kraft, mit der ein/e SprecherIn eine Anweisung ausspricht, reicht zur Zielverwirklichung nicht aus, es müssen materialisierte Hilfsmechanismen dazutreten. Sie/er kann noch nicht einmal das Muster vorher bestimmen, das der Aufforderung folgt. Dieses hängt davon ab, was die ZuhörerInnen mit der Anweisung anfangen. Um den Ablauf der Situation zu rekonstruieren, folgt Latour dem Weg der Aktanten im Netzwerk, das entlang der Achsen von UND und ODER grafisch veranschaulicht wird:

---

5 Latours Referenztext dazu trägt den Titel „Technology is Society Made Durable" (1991).

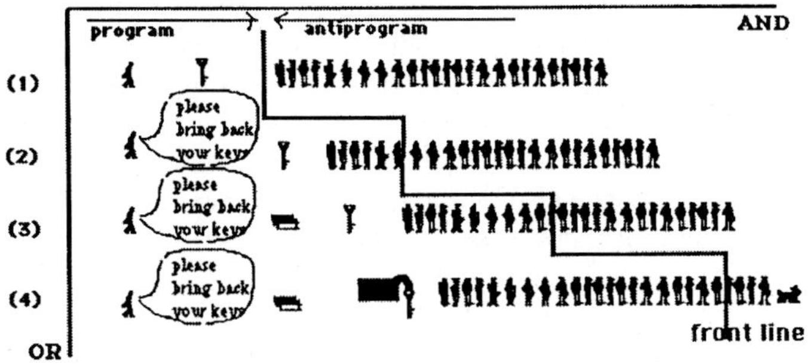

Abb. aus: Akrich/Latour 1992: 263.

Auf der horizontalen Achse (UND) werden Assoziationsprozesse abgetragen: Es interessiert die Anzahl der Aktanten, die die Anweisung übernehmen. Die eingezeichnete Linie grenzt Programm und Antiprogramm voneinander ab. Die vertikale Achse (ODER) stellt die Anzahl der Substitutionen dar. Damit ist gemeint, dass auf jeder neuen Stufe Handlungen, Anweisungen bzw. Artefakte durch neue ersetzt werden. Auf diese Weise kann man die Entwicklung entlang von Innovationsstufen verfolgen. Dem Programm und dem Antiprogramm entsprechen zwei Perspektiven, nämlich die der Hotelbesitzerin und die der Gäste[6].

Anfangs mag die Hotelbesitzerin ihre Gäste einfach dazu auffordern, ihre Schlüssel abzugeben. Funktioniert dies, hat sie ihr Ziel erreicht. Folgen die Gäste nicht, weil sie die Anweisung nicht verstehen oder vergessen, modifiziert sie diese im nächsten Schritt in einer Weise, dass die Mehrheit der Gäste sich in entsprechender Weise verhalten, egal ob sie vergesslich sind, die Sprache nicht sprechen usw. Die Frontlinie zwischen dem Programm (Schlüssel abgeben) und dem Antiprogrammen (Schlüssel nicht abgeben) markiert die Kontroverse: Jedes Vorrücken auf der UND-Achse

6 Prinzipiell ließen sich auch die „Sichtweisen" von Schlüsselanhängern, ausgebeulten Hosen, ErfinderInnen usw. in dieser Form darstellen, was auf eine Multiplikation von Perspektiven hinaus liefe.

bedeutet, dass mehr Gäste der Anweisung folgen. Dieser Prozess ist in diesem Beispiel notwendigerweise von einem Vorrücken auf der ODER-Achse begleitet, d.h. das Programm muss durch eine Reihe von „Übersetzungen" ergänzt werden. Schließlich geben die meisten Gäste ihr Antiprogramm auf und folgen dem Programm der nun realisierten Aufforderung.

Das Diagramm beschreibt damit Prozesse der Hybridisierung, also der sukzessiven Veränderung von Aufforderung, Gast, Hotel und BesitzerIn, indem das Vorrücken in den Assoziationen (von Programm und Antiprogramm) durch Vorrücken der Substitutionen (verschiedene Anreicherungen einer Aufforderung) erkauft wird (prinzipiell sind dabei auch Rückwärtsbewegungen denkbar). Wenn das Programm „Hinterlegen Sie den Zimmerschlüssel an der Rezeption" nun von der Mehrheit befolgt wird, ist es nicht mehr das gleiche wie am Anfang, es wurde „übersetzt"[7]. Wo Hinweisschilder, Aufforderungen, Befehle oder moralische Verpflichtungen versagen, siegt das Netzwerk aus HotelbesitzerIn, ErfinderIn und Metallgewicht: Die Schlüssel werden an der Rezeption abgegeben. Die Gäste entsprechen der Aufforderung, weil sie verhindern wollen, dass ihre Taschen ausgebeult werden. Auf diese Weise findet eine „Härtung" statt, Technik stellt soziales Handeln auf Dauer – und der mit einem Gewicht beschwerte Schlüssel ist zum typischen europäischen Hotelschlüssel avanciert.

Dieses Beispiel macht ein forschungsleitendes Prinzip von ANT deutlich: Das Schicksal einer Aussage, die eine Person macht, liegt zu weiten Teilen in den Händen von anderen. Eine Aussage oder Aufforderung verweist auf den Ablauf, der von Worten zu Dingen und von Dingen zu Worten führt. Dabei findet ein *blackboxing* (Latour 1998: 39) statt, d.h. die gemeinschaftliche Produktion von AkteurIn und Artefakt wird unsichtbar gemacht oder hier: ver-

7 Übersetzungen (*translations*) sind alle Handlungen (Intrigen, Überzeugungsakte, Gewalthandlungen etc.), dank derer AkteurInnen oder eine Macht für sich in Anspruch nehmen, für andere AkteurInnen oder Mächte zu sprechen oder zu handeln (Callon/Latour 1981).

selbstverständlicht. Der dargestellte Analyseprozess öffnet eine solche Blackbox wieder, er fördert Motive und Karrieren von Erfindungen zutage. Ebenso wird deutlich, dass zu einem Netzwerk nicht nur menschliche AkteurInnen gehören. So sind, um ein anderes Beispiel zu nehmen, die Aktanten der imperialistischen Expansion Portugals nicht nur der König, BootsbauerInnen, EntdeckerInnen und UreinwohnerInnen der eroberten Länder, sondern ebenso auch das für den Bootsbau benötigte Material, Winde, Strömungen und Riffe (Law 1987). Die Analyse von gleichermaßen menschlich gebundenen wie auch technisch infiltrierten Aktanten liefert so ein Modell, wie man die Trennung von Gesellschaft und Technik überwinden kann: Sie werden simultan produziert, und es gilt den Weg zu verfolgen, wie die Ergänzung bzw. Ersetzung sozialer Handlungen über Technik geschieht und fortschreitet.

Auf diese Weise entgehen ANT-ForscherInnen sowohl einem Soziologismus wie auch einem Objektivismus. Sie untersuchen nicht Ketten von Objekten (O-O-O-O) und Ketten von Subjekten (S-S-S-S), sondern Ketten von ineinandergreifenden Objekten und Subjekten (S-S-O-O-S-O-S-O-O-O-O-S). Gefragt wird also, ob ein Mensch etwas Nicht-Menschliches ersetzt hat oder umgekehrt. Von einer handlungsprägenden „Macht der Technik" kann man damit immer noch sprechen, sie liegt allerdings nicht mehr in einem der Elemente, sondern in ihrer Verknüpfung, in der Kette. Das Modell liefert damit empirisch gesättigte Erklärungen – wenn nämlich einer Beschreibung nichts mehr hinzuzufügen ist. Das ist der Fall, wenn den Aktanten eines soziotechnischen Netzwerks genügend weit gefolgt wurde (Latour 1991: 129). Beschreibung und Erklärung fallen damit zusammen (Latour 1996). Fehlt zum Verständnis noch etwas, dann war die Beschreibung eben noch nicht vollständig. Kann man umgekehrt Wirkungen von Ursachen ableiten, liegt ein bereits stabilisiertes Netzwerk vor. Üblicherweise ist das der Fall, wenn die zur Diskussion stehende Technik (oder auch Theorie) dem Prozess des blackboxing unterzogen worden ist, d.h. sie wird nicht weiter hinterfragt und bleibt zumindest für eine gewisse Zeit stabil. *Blackboxing* ist also der Prozess der Schließung und Stabilisierung, bei dem andere Akteure in der Weise *enrolled* oder in das Netzwerk eingebunden werden, dass sie an die Sinnhaftigkeit der Technik glauben, sie verwenden oder auch verbreiten[8].

Die Anleitung zur Analyse von Aktor-Netzwerken setzt sich vor diesem Hintergrund aus vier Schritten zusammen: Definiere ein sozio-technisches Netzwerk (1), definiere Aktanten, die sich im Netzwerk verteilen (2), folge den Übersetzungsprozessen (3), variiere die Beobachtungsperspektive (4). Diese Methode zeichnet damit nach, wie Technik zum Handeln gebracht wird. Weil immer mehr Regelungen auf Objekte übergehen, muss auch eine wachsende Zahl von Delegationsprozessen berücksichtigt werden. Latour (1998: 55) drückt das so aus: „Da ist erstens die *Übersetzung*, womit das Einschreiben von Merkmalen unserer sozialen Ordnung in einen anderen Stoff gemeint ist; dann haben wir die *Kreuzung*, also den Austausch von Eigenschaften zwischen nichtmenschlichen Aktanten. Drittens die Aufnahme oder *Rekrutierung* eines nichtmenschlichen Aktanten in ein Kollektiv – die Nichtmenschen werden dazu verführt, manipuliert und verlockt. Viertens dann die *Mobilisierung* von nichtmenschlichen Aktanten innerhalb des Kollektivs, damit werden neue unverbrauchte Ressourcen geweckt und seltsame neue Hybridwesen gezeugt. Und schließlich fünftens die *Verschiebung* in der Richtung eines Kollektivs, nachdem seine Gestalt, Ausdehnung und Zusammensetzung verändert worden sind.“

Auf diese Weise lassen sich Kollektive beliebiger Größenordnung beschreiben und vergleichen. So kommen Gleichförmigkeiten zwischen Kernkraftwerken, Steuerungssystemen von Raketen, dem Design von Computerchips und automatischen U-Bahnnetzen in den Blick. Latour stellt die Variabilität der Grenzziehung in den Vordergrund, und der Gewinn dieses Ansatzes liegt in der empiri-

---

8 Das Konzept des *enrollment* postuliert Allianzen von AkteurInnen mit anderen AkteurInnen, Institutionen oder auch Artefakten, um eigene Interessen durchzusetzen (Schimank 2000: 158).

schen Offenlegung der inneren Beziehung von Technik und Nicht-Technik. Die Vervielfältigung von Quasi-Objekten (Latour 1995: 70) soll im Rahmen dieses Ansatzes ein Ausbrechen aus der modernen Dichotomie von Natur vs. Subjekt/Gesellschaft begründen. Damit wagt sich Latour weit vor: „Die gesamte makrosoziale Ordnung geht auf die Einbindung nichtmenschlicher Aktanten zurück – also auf technische Vermittlung.“ (Latour 1998: 62) Was ist die tiefere Bedeutung dieser Aussage?

8.3 Postsoziale Techniksoziologie: das Parlament der Dinge

Die *Science Studies* im Umfeld von ANT entziehen dualistischen Annahmen den Boden und erfordern gleichzeitig eine neue Gesellschaftstheorie, die die Trennung von Natur und Kultur, Natur und Technik, Technik und Mensch überwindet. Beschrieb Latour in den siebziger Jahren das Wechselverhältnis von (naturwissenschaftlichem Forschungs)Labor und Gesellschaft am Beispiel Louis Pasteurs (1987), ist das Labor inzwischen Paradigma dafür, wie Gesellschaft funktioniert – Labor und Gesellschaft sind tief miteinander verwoben. Auszeichnende Merkmale des Labors sind nämlich kontinuierliche Präsenz der Untersuchungsobjekte, Miniaturisierung und Beschleunigung (Knorr-Cetina 1988). Im Labor taucht keine Natur auf, die Laborsituation ist vielmehr hochgradig artifiziell. Genauer: Objekte aus werden der Natur entkoppelt und als Kulturphänomene integriert, d.h. als Zeichen und nicht als Natur produziert und prozessiert. Folglich beschreibt und verifiziert Wissenschaft nicht, sondern fabriziert Wissen instrumentell. Dies wird sogar bei der Astronomie deutlich. Sie gilt zwar als klassische Feldwissenschaft, aber dort sorgt der technische Zugriff auf den Gegenstand für eine kulturelle Vermittlung. Diese Aufhebung der Trennung von Wissenschaft als erkennendem Subjekt einerseits und Natur als abzubildendem Objekt andererseits zeigt, dass „sich das reine Feindbild des Sozialen als dasjenige, das Wissenschaftlichkeit kontaminiert oder infiltriert, bei Beobachtung der konstruktiven Praxis der (Natur)wissenschaften nicht aufrecht erhalten läßt.“ (Knorr-Cetina 1988: 87) Im Labor werden vielmehr gesellschaftlich eingeschliffene Praktiken instrumentalisiert und gehen damit in die Wissensgewinnung mit ein. Damit ist das Labor der Ort der „Verdichtung“ von Gesellschaft oder aber „die soziale Form der Wissenschaft“ (ebd.). Im Labor vermengen sich Kultur und Natur und erzeugen Hybride, und es findet die untrennbare Verknüpfung von Natur und Gesellschaft statt.

Als Beispiel nennt Latour das Ozonloch (1995: 7-15). Es befindet sich in der Natur, ist aber von Menschen gemacht. Seine Wirksamkeit besteht darin, Dinge und Menschen neuartig miteinander zu vernetzen, es widersetzt sich dem modernen Anspruch auf Naturbeherrschung. Nach Latour ist das Ozonloch so real wie die Natur und so sozial wie die Gesellschaft. Hybride wie das Ozonloch, das AIDS-Virus, der BSE-Erreger oder der von der Vakuumpumpe produzierte luftleere Raum stehen zwischen Natur und Gesellschaft, und das gilt auch für Technik. Das moderne Paradox liegt für Latour darin, dass die Natur zunehmend vergesellschaftet wird und die Gesellschaftsentwicklung immer naturwüchsiger, ungeregelter verläuft. Spezifisch modern daran ist, dass die Fiktion der Trennung beider Sphären immer noch weiter aufrechterhalten wird – auch wenn sie faktisch keinen Bestand mehr hat.

In ähnlicher Weise beschreibt Karin Knorr-Cetina (1998) die Konturen einer „postsozialen Wissensgesellschaft“. Dort werden konsensuelle Prozesse in den Wissenschaften über Objekte gestiftet. Es ist nicht mehr nur (wie beim Konstruktivismus) das Soziale, das wissenschaftliche Tatsachen erklärt, sondern extrasomatische Technik – eben beispielsweise die Experimentalmaschinerie des Labors. Mehr noch: Objektbeziehungen nehmen zu und treten an die Seite intersubjektiver Beziehungen. Objektualisierung bedeutet hierbei, „daß Objekte Menschen als Beziehungspartner und Einbettungsumwelten zunehmend deplazieren oder daß sie zunehmend menschliche Beziehungen vermitteln und dabei die letzteren von den ersteren abhängig machen“ (Knorr-Cetina 1998: 83f.). Daraus leitet Knorr-Cetina einen Rückzug des Sozialen ab, stattdessen expandieren gemischte Beziehungen. Latours Schluss ist ein ähnlicher: Die Gesellschaft sei „nie modern gewesen“, wenn man darunter die Trennung von Natur und Kultur versteht. Denn Gesellschaft schaffe durch Übersetzung neue Mischungen zwischen Natur und Kultur. Was bei Latour als Hybridisierung erscheint, heißt bei Knorr-Cetina Kreolisierung, Donna Haraway hat dafür den Begriff der *Cyborgs* ins Spiel gebracht. Dahinter steckt das Gleiche: Die Objekte, also Wissen, Technik und Artefakte, sind Teil der Kultur geworden und können nicht mehr isoliert werden.

Um den Hybriden und nicht-menschlichen Anteilen der Netzwerke Gehör zu verschaffen, entwirft Latour (1995: 189-194; 2001) als politische Utopie ein Parlament der Dinge. Dort sollen Politik (die sich in Wissenschaft/Technik abspielt) und Natur (sie findet in der Gesellschaft statt) miteinander ins Gespräch gebracht werden: „In einem gewissen Sinn ist es eine ziemlich monströse Mischung aus Jürgen Habermas und wilder Anthropologie, ich schrieb das vor der Geschichte mit dem Rinderwahnsinn. Inzwischen versteht jeder, daß es wirklich einen wenig definierten, aber vorhandenen Raum gibt, in dem die dreidimensionale Form der Proteine, die Zukunft der Regierung Major, die französischen Viehzüchter, der vegetarische oder fleischfressende Charakter der Rinder und die Kochrezepte von Frau Kohl miteinander verknüpft sind, einen Raum, in dem man wirklich gleichzeitig über das spricht, was die Menschen sind und wollen und was die nichtmenschlichen Wesen sind und wollen (oder können). Entscheidend ist, daß diese Verknüpfung nicht verstanden werden kann, wenn man von der instrumentellen Vernunft auf der einen Seite ausgeht und den Werten auf der anderen. Das ist mit dem ‚Parlament der Dinge' gemeint." (1997) Latour will – pathetisch formuliert – den Unterdrückten und bislang nicht zu Wort Gekommenen eine Stimme verleihen, Damit „stellvertretend für die nichtmenschlichen Wesen gesprochen wird. Diese Stimmen mischen sich dann mit menschlichen Interessen." (Latour 2000)

Vergleicht man diesen Ansatz mit seinem konstruktivistischen Vorgänger, so fallen folgende Unterschiede ins Auge:

- Das *Soziale erfährt keinen privilegierten Stellenwert* gegenüber den Artefakten. Es bildet einen Teil im Netzwerk wie andere Komponenten auch. Handelnde sind nicht nur Menschen, sondern auch Nicht-Menschen wie Artefakte, Verfassungen, klimatische Bedingungen ... kurz: Hybride.

- Soziale (politische, ökonomische, kulturelle) Interessen liefern keine hinreichende Erklärung für die Entwicklung und Durchsetzung von Artefakten. Vielmehr gilt es, die materialen Komponenten des Netzwerks zu berücksichtigen. Damit steht methodisch nicht die Identifikation relevanter sozialer Gruppen im Vordergrund, sondern die Rekonstruktion von *Prozessen der (Ent-)Hybridisierung*, also der Durchsetzung und Veränderung von Handlungsprogrammen.

- Entsprechend stehen bei ANT Aktanten und Netzwerke im Mittelpunkt der Analyse. Was der Konstruktivismus als Schließung (Begrenzung von Interpretationsmöglichkeiten durch soziale Faktoren) verhandelt, rekonstruiert ANT als *blackboxing*, d.h. als Prozess des Unsichtbarmachens technischer Beteiligung in Netzwerken.

- Während sich konstruktivistische Studien auf die Analyse von Phänomenen auf der Mikroebene konzentrieren, ist diese Unterscheidung für ANT irrelevant (Latour 1996). ANT ist ein *ebenenübergreifender Ansatz* und eignet sich damit auch für die Analyse von Netzwerken verschiedener Größe: etwa imperialistischer Expansionsversuche in Afrika (Law 1987), des politischen Kampfs um das Elektroauto in Frankreich (Callon 1983) oder auch – räumlich begrenzter – des Nahverkehrsprojekts ARAMIS in Paris (Latour 1992).

Dies markiert keine gänzliche Abkehr, wohl aber eine deutliche Weiterentwicklung konstruktivistischer Annahmen, und rechtfertigt die Rede von einer postkonstruktivistischen bzw. postsozialen Techniksoziologie. Damit komme ich zusammenfassend zu den Stärken und Schwächen dieser Theorie und Methode:

- Bei ANT steht die Variabilität der Grenzziehungen im Vordergrund, die sie empirisch nachzeichnet. So hat auch Karin Knorr-Cetina (1998) gezeigt, dass *Objekte Sozialbeziehungen enthalten*. Auf diese Weise entwirft ANT die Konstruktion der Praxis als Produktion und nicht als Kommunikation: Artefakte und technische Innovationen sind in die Konstruktion haltbarer Verbindungen, eben in Netzwerke, involviert. Um erfolgreich zu sein, muss man ein *heterogeneous engineer* (Law 1987) sein. ANT weist zu Recht darauf hin, dass soziale Verhältnisse über materiale Technologien „gehärtet" werden.

- Latour (1987) wählt die Wissenschaft als archimedischen Punkt der Analyse von Gesellschaft und Natur, da im Labor Hybride erzeugt werden, die dann im Sinne der „Härtung" (Latour 1991) gesellschaftliche Regelungen übernehmen. Da er Wissenschaft aber gleichzeitig als einen Prozess des die Dinge und Artefakte machen Lassens begreift, bei dem die Hybride außer Kontrolle geraten, verfängt sich Latour in eine Risikodiskussion und kommt damit in Widerspruch zur These der *durability* (Härtung) (Schimank 2000: 160). Latour ist mit anderen Worten unentschieden zwischen einer *Hypostasierung von Wissenschaft einerseits und Risikogesellschaft andererseits*.

- Die Rolle der nicht-menschlichen Aktanten ist kontrovers. Geht hier das *Prinzip der Symmetrie* nicht zu weit? Während Callon/Latour (1992) behaupten, gerade in deren Mitberücksichtigung setze unvoreingenommene Symmetrie an, stellen Collins/Yearley (1992) und Gingras (1995) die unvoreingenommene Repräsentierbarkeit von Dingen in Frage: In jeder Beschreibung ihrer Rolle wäre die menschliche und hier insbesondere die wissenschaftliche Sichtweise dominant. Das ist einsichtig. Denn wie sollen in der BSE-Krise die Kühe zu Wort kommen, wenn nicht über „InteressenvertreterInnen" wie LandwirtInnen, VerbraucherInnen, TierschützerInnen, BiotechnikerInnen mit ihrer je eigenen Perspektive (vgl. Latour 2000)? Strittig ist also die Repräsentation der nicht sprachfähigen Dinge bzw. Natur – ein allgemeines Problem moderner Soziologie.

- Das *Handlungskonzept* von ANT ist auf die Erfassung sichtbaren und zweckrationalen Handelns zugeschnitten. Emotionales Handeln und Unterlassungen sowie nicht-intendierte Handlungseffekte, die sich nicht dem Konzept von Programm und Antiprogramm fügen, blendet ANT aus. Damit trifft ANT eine ähnliche Kritik wie den Konstruktivismus: „Irrelevante“, d.h. sich nicht Gehör verschaffende soziale Gruppen bei Ersteren und nicht zweckrational bzw. sichtbar handelnde Aktanten bei Letzteren fallen durch die Maschen der Analyse. Weil die Handlungsorientierung beider Konzepte damit auch Machtfragen nur unzureichend erfasst (vgl. Leigh Star 1991; Wajcman 2000), bleiben strukturelle Ausschlüsse (z.B. von Frauen) unsichtbar. Ob das Symmetrieprinzip als rein methodisches Prinzip genutzt werden kann, um es dann in der kritischen Darstellung aufzugeben, ist offen (MacKenzie 1996; vgl. Bijker 1993; Bijker/Bijsterveld 2000).

- Schließlich ist es keineswegs ausgemacht, ob die Unmöglichkeit der Trennung von Technischem und Sozialem wirklich von der Tatsache herrührt, dass sie in der gesellschaftlichen Praxis verbunden und verwoben sind. Die „Vermittlungswut“ von ANT könnte auch darin wurzeln, dass ihre analytischen Mittel schlicht nicht imstande sind, die Realität auf einer epistemologischen Ebene angemessen zu verstehen: „Constantly repeating that ‚things could have been otherwise‘ does not explain why in fact things were as they were and not otherwise.“ (Gingras 1995: 139)[9] Wenn Natur immer das ist, was Gesellschaft nicht ist, und Hybride als unbestimmte Vermittler auftreten, dann mogelt sich Latour an einer soziologischen Qualifi-

---

9 Der Aspekt des „Es wäre auch anders möglich gewesen“ wird vor allem bei Winner 1986 deutlich; vgl. Hughes 1983; Law 1991; Leigh Star 1991.

> zierung des Hybridenstatus vorbei und betreibt ein „*relationales Versteckspiel*".

Noch weiter gefasst schließt sich daran die Frage an, ob bzw. innerhalb welcher Grenzen ein Vermeiden von Differenzierungen beim wissenschaftlichen Tun überhaupt möglich ist. So gibt es in der Theoriediskussion einen deutlichen Kontrapunkt zum Konzept der Entdifferenzierung von Gesellschaft, Natur und Technik der Aktor-Netzwerk-Theorie. Es handelt sich dabei um die getrennten Welten der systemtheoretischen Techniksoziologie, die alle bei ANT interessierenden Fragen der Vermittlung in die Umwelt der Gesellschaft verbannt. Dieser wende ich mich nun zu.

9 Technik außersozial: Systemtheorie

Gemeinsam ist zuletzt vorgestelltem realistischem, konstruktivistischem und postkonstruktivistischem Technikverständnis die Auffassung von Technik als sozialem Tatbestand bzw. Prozess. Nun trete ich einen Schritt zurück und setze mich mit der systemtheoretischen Antwort auf die Frage nach der soziologischen Zuständigkeit für Technik auseinander. Sie bildet eine Gegenposition zur bisherigen Diskussion, indem sie Technik *nicht* als sozialen Tatbestand begreift[1]: Ihr zufolge gibt es keine „Technik der Gesellschaft“ (Japp 1998). Vielmehr gehört Technik zur Umwelt der Gesellschaft, und es gilt herauszupräparieren, was an Sozialem für (Technik)SoziologInnen überhaupt als legitimer Gegenstand übrig bleibt. Dahinter steht die Entscheidung, dass Systemtheorie als Differenztheorie operiert, indem sie nämlich auf der Unterscheidung von System und Umwelt basiert: „Wir werden daher immer wieder Anlaß haben, darauf hinzuweisen, dass der primäre Gegenstand der Systemtheorie nicht ein Gegenstand (oder eine Gegenstandsart) ‚System' ist, sondern die Differenz von System und Umwelt.“ (Luhmann 1984: 116) Ist Gesellschaft der legitime Gegenstand der Soziologie, und ist Gesellschaft alles das, was kommunikativ erreichbar ist, so operiert die Systemtheorie mit der

---

1 Genau besehen ist die Rede von „der“ systemtheoretischen Techniksoziologie falsch. Zum einen nämlich gibt es eine realistische Strömung, die die General System Theory (GST) amerikanischer Herkunft als methodisches Instrumentarium zur systematischen Darstellung miteinander verkoppelter realer Sachverhalte benutzt (Ropohl 1995: 187-190; 1999). Diese allgemeine Systemtheorie hat mathematisch-kybernetische Wurzeln und ist keine substantive, sondern eine operative Modelltheorie. Zum anderen interessiert sich die konstruktivistische Systemtheorie Luhmannscher Provenienz „nur“ für Beschreibungen von Technik, nicht aber für Technik selbst. Da es mir hier um den Konnex von Techniksoziologie und Gesellschaftstheorie geht und nicht um eine Typologie von Systemmodellen und Begriffen der Technik, beziehe ich mich im Folgenden auf die konstruktivistische Systemtheorie bzw. Techniksoziologie.

Leitdifferenz von kommunikativ erreichbar vs. nicht erreichbar. Dieser Unterscheidung entsprechend entziehen sich Sachverhalte wie Technik, die jenseits der Kommunikation liegen, soziologischem Zugriff. Sie fallen nicht in den Gegenstandsbereich der Soziologie – deshalb „außersozial"[2].

Keineswegs hindert diese Selbstbegrenzung an Luhmann orientierte SoziologInnen wie Jost Halfmann (1995; 1996; 2001), Klaus Japp (1992; 1998) oder Elena Esposito (1993) daran, Techniksoziologie zu betreiben. Dazu gibt es zwei Möglichkeiten (Halfmann 1995: 212f.; 1996: 116-118; Japp 1998: 225f.). Zum einen kann die Soziologie Sachtechnik in der Umwelt sozialer Systeme beobachten (dies ist der außersoziale Aspekt). Hier interessiert der Zusammenhang von Technisierung und gesellschaftlicher Modernisierung; genauer: Inwiefern Technik als kausale Simplifikation und als Medium sozialer Differenzierung wirksam wird (9.1). Zum anderen kann sie untersuchen, in welcher Weise Technik (als Medium oder Maschine) gesellschaftliche Kommunikation unterstützt oder irritiert (9.2). Demonstrieren will ich diesen Zusammenhang an den Beispielen des Computers (9.2) und der großtechnischen Systeme (9.3).

9.1 Technik und Differenzierung

Was meint Technik als kausale Simplifikation? Die konstruktivistische Systemtheorie (konstruktivistisch, weil Technik erst über gesellschaftliche Kommunikation ins Leben gerufen wird) begreift Technik unter der Leitdifferenz der Machbarkeit (Luhmann 1990: 263) – etwas funktioniert oder es funktioniert nicht. Der einfachste Nenner ist dabei das Verständnis von Technik als Kopplung von Ursache und Wirkung: „Technik ist die Einheit von Auslösekausalität und Durchgriffskausalität." (Luhmann 1994: 113) Bringt man etwas zum Laufen, ohne zu wissen, wie es funktioniert, so handelt es sich um kausale oder funktionierende Simplifikationen als

---

2 Grundlegend dazu: Luhmann 1986; 1989; 1990: 257-267; 1991; 1997: 517-535.

„Wenn-Dann-Beziehungen ohne Mitvollzug implizierter und darüber hinaus möglicher Sinnbezüge“ (Japp 1998: 225f.), egal ob es sich um psychische, chemische oder biologische Komponenten handelt: Schalter runter, Licht aus. Technik operiert in diesem Fall als Reduktion von Komplexität.

Natürlich ist auch die Konstruktion einer kausalen Simplifikation Interpretationssache – eben Konstruktion. Denn was für die einen kausale Simplifikation ist, nehmen die anderen als kausale Komplexität wahr. Während etwa Kernkraftlobbys in der sauberen und geruchlosen Lieferung von Strom eine kausale Simplifikation sehen, ist dies für KernkraftgegnerInnen ein Fall kausaler Komplexitätssteigerung, die mit erheblicher Gefahrenzunahme verbunden ist (Japp 1998: 227). Dies ist das Terrain der (systemtheoretischen) Risikosoziologie, die sich wie die sozialwissenschaftliche Erforschung großtechnischer Systeme (siehe dazu 9.3) als eigenständiges Spezialgebiet im Kontext der Wissenschafts- und Technikforschung in den achtziger Jahren ausdifferenziert hat[3].

Die systemtheoretische Risikosoziologie demonstriert gut die Sichtweise auf Technik als Umwelt der Gesellschaft, indem sie *Unsicherheit und Zurechnung* in einen Zusammenhang stellt. Sie geht davon aus, dass in einer komplexer und dynamischer werdenden Gesellschaft Entscheidungen in zunehmendem Maß zukunftsabhängig werden, damit kontingenter und eben auch riskanter. Ausschlaggebend ist dabei die kommunikativen Ausdeutung einer Technik als kausale Simplifikation/kausale Komplexität durch soziale AkteurInnen. Systemtheoretisch gesehen liegen die „eigentlichen“ Risiken nicht in der Komplexität von technischen (Sicherheits)Anlagen, denn diese produzieren lediglich Kontingenz (d.h. schlecht kalkulierbare Möglichkeitsüberschüsse). Erst

---

3 Wegweisend dafür war Charles Perrow (1989) mit seiner systemtheoretischen Organisationssoziologie riskanter Systeme. Als Überblick vgl. Krücken 1994; Bechmann 1993; Halfmann/Japp 1990; Krohn/Krücken 1993; als systemtheoretischen „Klassiker“: Luhmann 1991.

wenn sich Entscheidungen an stärkeren oder schwächeren Sicherheitserwartungen orientieren, kommt es zu Schwierigkeiten im Umgang mit Technik. Risiken sind damit vor allem entscheidungsabhängig. Genauer: Risken sind abzuleiten aus Entscheidungen, deren Folgen mit Ungewissheit belastet sind (Japp 1992: 179). Der Gegenpart von Risiko ist damit nicht Sicherheit, sondern Gefahr: Schreibt sich das beobachtende System erwartete Schäden, also Entscheidungsfolgen, selbst zu, so spricht man von Risiko, schreibt man sie der Umwelt bzw. anderen Entscheidungssystemen zu, von Gefahr (Luhmann 1991: 30f.). Riskant ist es demnach, angesichts von BSE-Schreckensmeldungen Rindfleisch zu essen (man könnte darauf verzichten), gefährlich aber ist ganz allgemein eine fleischbasierte Ernährung geworden (wer weiß schon, wie Schweine, Hühner und Puten gehalten werden?). Es entscheidet also die BeobachterInnenperspektive darüber, ob man sich gegenüber Technik als EntscheiderIn (Risiko) oder als Betroffene/r (Gefahr) verhält. Risiko ist also eine Form der Kommunikation, und ganz konsequent beschäftigt sich eine systemtheoretische Techniksoziologie nicht mit Risiken, Gefahren oder Ökologie sondern mit Kommunikation darüber[4]. Technik sagt vor diesem

4 Luhmanns Kommunikationsbegriff (1984: 193-205; 1990: 24-27) betont das Prozesshafte des Sozialen: Gesellschaft ist alles kommunikativ Erreichbare. Kommunikation ist dabei eine Synthese dreier verschiedener Selektionen: Information, Mitteilung, Verstehen. Die erste Selektion basiert darauf, aus einem Möglichkeitsraum diese und nicht eine andere Information auszuwählen (es geht in einer techniksoziologischen Vorlesung um soziologisch relevante Zugänge zu Technik und nicht um eine politische Doktrin). Die zweite Selektion bezieht sich auf die Auswahl der geeigneten Medien zur Übertragung der Nachricht (das Medium der Vorlesung ist die gesprochene Sprache und kein Wahlplakat) und bei der dritten Selektion handelt es sich um die Entscheidung des Empfängers, wie er eine bestimmte Nachricht behandelt (einige Inhalte für eine Seminararbeit verwenden oder ignorieren). Dieser dreistellige Selektionsprozess ist die Einheit einer elementaren Kommunikation. Der Gewinn dieser Konzeption liegt darin,

Hintergrund also mehr über Gesellschaft als über sich selbst. Denn interessant sind vor allem die sozialen Bedingungen für die Grenzziehungen zwischen den beiden Kausalitäten: Wann gilt eine Technik als akzeptabel und wann nicht (mehr)? Die Streits um Castor-Transporte, Grenzwerte von Schadstoffen und genmanipuliertes Soja sind ein deutlicher Ausdruck dieser Entwicklung.

Die Risikosoziologie thematisiert Technik als Medium kausaler Simplifikation und Komplexität. Daneben kann die Soziologie aber auch beobachten, *wie* Technik funktioniert, d.h. welche Rolle sie für die bzw. bei der Reproduktion der Gesellschaft übernimmt. Dann beschreibt sie Technik als Medium sozialer Differenzierung und spannt den Bogen zur modernisierungstheoretischen Diskussion. Denn Differenzierung ist ein prominentes Merkmal gesellschaftlicher Modernisierung (vgl. 1.2). Gemeint ist hier die Ausdifferenzierung gesellschaftlicher Teilsysteme, die technisch unterstützt wird. Was heißt das? Luhmann spricht von Differenzierungsformen, „wenn es darum geht, wie in einem Gesamtsystem das Verhältnis der Teilsysteme zueinander geordnet ist“ (Luhmann 1997: 609). Systemdifferenzierung bedeutet rekursive Systembildung, d.h. „Wiederholung der Systembildung in Systemen“ (Luhmann 1984: 37; 1997: 597). Das zentrale Merkmal der modernen Gesellschaft ist – das behauptet Luhmann – funktionale Differenzierung. Historisch folgt dieser Typus auf die segmentäre Ausdifferenzierung der Gesellschaft in gleiche Teile (wie Familien, Stämme und Clans) und stratifikatorische Differenzierung (in hierarchisch geordnete Schichten). Funktionale Differenzierung nun bedeutet, dass Teilsysteme wie Wirtschaft, Wissenschaft, Massenmedien usw. je spezifische Funktionen für die gesellschaftliche Reproduktion erbringen: Güter und Dienstleistungen, Wissen, Information usw. Keine Leistung eines Teilsystems kann durch eine Leistung eines anderen Teilsystems ersetzt werden. Das macht sie ungleichartig, aber gleichranging. Dies wiederum bedeu-

---

Kommunikation als eine soziale Realität sui generis fassen zu können, als ein operatives Element in einem sozialen System.

tet, dass jedes Teilsystem das umfassende System aus seiner singulären Perspektive rekonstruiert, dabei aber „so tut“, als handle es sich um eine teilsystemübergreifende Sicht. Das bedeutet, dass etwa das Wirtschaftssystem *alle* Kommunikationen der Gesellschaft nur aus einer ökonomischen Perspektive betrachten kann (z.B. auch Liebe, Sicherheit, Gesundheit), auch wenn es sich um mitunter „wirtschaftsfremde“ Themen handelt. Gleichzeitig operiert jedes Teilsystem nach einer von den anderen Teilsystemen unabhängigen Logik. Dafür geben binäre Codes eine jeweils bestimmte evaluative Orientierung vor. Solche Leitdifferenzen sind „zahlen/nicht zahlen“, „wahr/falsch“, „neu/nicht neu“, die die Reproduktion (bei Luhmann: Autopoiese) der entsprechenden Teilsysteme spezifizieren. In ihrer Operationsform greifen die Codes der oben aufgeführten Teilsysteme Wirtschaft, Wissenschaft und Massenmedien auf symbolisch generalisierte Kommunikationsmedien wie etwa Geld, Wahrheit, Neuigkeit zurück. Sie haben Absolutheitsansprüche innerhalb ihres Funktionssystems, was sie „betriebsblind“ gegenüber anderen Perspektiven sein lässt. Alle Teilsysteme machen sich also zum Zentrum der Welt und verarbeiten Information nach Maßgabe ihrer jeweiligen Operationsform.

Konstituieren sich die Teilsysteme über spezifische, durch andere Teilsysteme nicht substituierbare gesellschaftliche Funktionen, so gibt es als Konsequenz kein übergeordnetes, integrierendes Zentrum mehr. Will man dennoch von einer Einheit des Gesellschaftssystems sprechen, so besteht sie in der funktionalen Differenzierungs*form* entsprechend den jeweiligen Codes. Jedes gesellschaftliche Teilsystem verarbeitet Informationen nach Maßgabe seiner binär codierten Leitdifferenz und kann durch eine solche Differenzierung effizient operieren: Die Wirtschaft kümmert sich nicht um Wahrheitsfragen, die Wissenschaft nicht um das spirituelle Heil, die Religion nicht um profitmaximierende Güterproduktion. Die Teilsysteme tragen mit anderen Worten zu einer Steigerung, zu einer effizienteren Funktionserfüllung des Gesamtsystems Gesellschaft bei. Rekurriert man auf die Auffassung von Gesellschaft als allem kommunikativ Erreichbaren, und ist gesellschaftliche Modernisierung vor allem mit einer Steigerung der Kommunikation verbunden, tritt hier Technik auf den Plan.

So dürfte für die „Ausdifferenzierung eines Systems der Massenmedien die ausschlaggebende Errungenschaft in der Erfindung von Verbreitungstechnologien gelegen haben, die eine Interaktion unter Anwesenden nicht nur einsparen, sondern für die eigene Kommunikation der Massenmedien wirksam ausschließen“ (Luhmann 1996: 33). Sprache, Verbreitungsmedien und generalisierte Kommunikationsmedien begründen und steigern die Informationsverarbeitungsleistungen, „die durch soziale Kommunikation erbracht werden können [...] Sprache, Verbreitungsmedien und symbolisch generalisierte Kommunikationsmedien sind mithin evolutionäre Errungenschaften, die, in Abhängigkeit voneinander, die Informationsverarbeitungsleistungen begründen und steigern, die durch soziale Kommunikation erbracht werden können. Auf diese Weise produziert und reproduziert sich Gesellschaft als soziales System.“ (Luhmann 1984: 222f.). Verschiedene Funktionssysteme nun nehmen Technik in Anspruch, ordnen sie aber funktional spezifisch zu. Mit anderen Worten benutzen sie Technik in spezifischer Weise: Die Wirtschaft verwendet Informations- und Kommunikationstechnologien zur Steigerung von Umsätzen, die Wissenschaft zur effizienteren Wahrheitsfindung bzw. Wissensproduktion, die Massenmedien zur schnelleren Verbreitung von Informationen. Deshalb verfügt Technik im Gegensatz zu wirtschaftlicher, wissenschaftlicher oder massenmedialer Kommunikation auch über keinen exklusiven Spezialcode, um entlang diesem Gesellschaft zu reproduzieren – die Unterscheidung „funktioniert/funktioniert nicht“ ist zwar grundlegend, aber nicht ausschließlich technisch (Japp 1998: 226-230; Wagner 1998: 34).

Dies ist auch gleichzeitig ihre Stärke: Technik ist ein Mittel zur Steigerung von verschiedensten Formen der Kommunikation und ihrer Wirkungen und legt damit eine Pluralisierung von Beobachtungen und Perspektiven geradezu zwangsläufig nahe (die Wirtschaft nimmt Gesellschaft anders wahr als die Wissenschaft oder die Politik) – was sich im Konzept der polykontexturalen oder funktional differenzierten Gesellschaft niederschlägt. Systemtheoretisch gibt es damit keine Technik der Gesellschaft, wohl aber eine technische oder technisierte Kommunikation der Gesellschaft. Die Gesellschaft unterhält gleichwohl in dreifacher Hinsicht strukturelle Kopplungen mit der Technik. Erstens durch Alltagsvertrauen in Technik (wir wissen zu wenig über die Funktionsweise technischer Geräte, verlassen uns aber dennoch auf ihr Funktionieren); zweitens durch die Behandlung von Technik als Risiko (Irritationen durch Unfälle und Katastrophen) und drittens durch Irritationseffekte, die ihren Ausdruck in Protest finden, Angst und „politischer Beunruhigungskommunikation" (Japp 1998: 232). Die systemtheoretische Perspektive auf Technik als Umwelt der Gesellschaft ist vor diesem Hintergrund vor allem darauf angelegt, technisch unterstützte Steigerungsdynamiken in den Blick zu bekommen und zu analysieren – ungeachtet der Frage, ob und wie die Ausdifferenzierung und Verselbständigung von Teilrationalitäten zu Integrationsproblemen führt (vgl. 10.2).

9.2 Technik als Medium und Maschine

Neben dem Blick auf die Bedeutung von Technik als kausale Simplifikation einerseits und als Steigerungsmechanismus von Differenzierung andererseits bietet die systemtheoretische Techniksoziologie noch eine weitere Perspektive auf die Funktionsweise von Technik. Bei der Frage, wie Technik gesellschaftliche Kommunikationszusammenhänge unterstützt oder stört, unterscheidet sie Technik als Medium einerseits und als Maschine oder Installation andererseits (Halfmann 1996: 116-128; Japp 1998: 230).

Im ersten Fall benutzen soziale Systeme Technik als *Medium der Simplifikation* von Kommunikation, soziale Kommunikation referiert auf Technik. Dabei steht die „Geräuschlosigkeit" im Vordergrund, der Input und der Output sollen gleich sein. Das bedeutet zum einen, dass die Technik unauffällig, im Hintergrund bleibt. Zum anderen ist gemeint, dass ein Medium eine Transportfunktion innehat, es verändert nichts. Ein Beispiel dafür ist das Telefon. Je weniger man das Gefühl hat, technisch vermittelt zu kommunizieren, desto besser erfüllt es seine mediale Funktion. Im zweiten Fall irritiert Technik die soziale Kommunikation oder den Alltag, sie wird in ihrem Nicht-Funktionieren als *Maschine bzw. Installation* sichtbar. Einfacher formuliert: Technik fällt auf, wenn sie ausfällt. Versagt beispielsweise die neue Espressomaschine beim Versuch, die Gäste mit Cappuccino zu versorgen, wird sie in ihrer nicht funktionierenden Maschinenhaftigkeit erfahrbar und unter Umständen Gegenstand der Kommunikation. Hier dominiert der Leistungscharakter von Technik: es geht um Produktion und Umwandlung von Stoffen. Der Input soll sich vom Output unterscheiden: Die Espressomaschine soll Cappuccino und nicht heißes Wasser und kalte Milch ausspucken. Während sich Installationen auf das Einwirken nicht-kommunikativ verfasster Technik auf soziale Systeme beziehen, treten Medien idealiter gar nicht in Erscheinung. Deshalb der Schluss: „Wenn Technik funktioniert, ist sie Medium der Kommunikation, wenn nicht, wird sie zur Installation, die Kommunikation irritieren kann.“ (Halfmann 1995: 223) Erfolgskriterium der Technisierung ist damit die Transformation vom Installations- zum medialen Charakter.

Eine solche systemtheoretische Perspektive leistet zum einen eine enge Anbindung an Gesellschaftstheorie, zum anderen liefert sie ein differenziertes Raster zur Untersuchung von Technisierungsfolgen. Die systemtheoretisch gewonnene Unterscheidung von Medium und Maschine lässt sich beispielsweise für eine Präzisierung von softwarebasierten Technisierungseffekten nutzen. In seiner Doppelfunktion von Medium und Installation bzw. Maschine (Esposito 1993) ist der Computer nämlich zur paradigmatischen Technik der Moderne avanciert, weil er „die Steigerung der Komplexität und des Ordnungsniveaus sozialer Systeme ermöglicht“ und weil er „die Medieneigenschaften von Technik besonders auffällig verkörpert.“ (Halfmann 1996: 139; 148)[5] Demonstrieren

5 Zum revolutionären Medium sollte man den Computer deshalb freilich nicht stilisieren. Der Medientheoretiker Walter Ong (1987: 82f.) etwa macht darauf aufmerksam, dass Platons Argumente gegen das Schreiben denen ähneln, die heute gegen den Computer vorgebracht

kann man diese Doppelfunktion durch die Analyse von Software, des steuerungstechnischen Kerns von Computern. Denn Software ist keineswegs so formbar, wie es das englische Wort *soft* suggeriert. Software eröffnet Aneignungsspielräume, übt gleichzeitig aber Gestaltungszwänge auf die AnwenderInnen aus.

- *Software als formbares Medium (soft):* Software inkludiert das Prozesshafte, Anschmiegsame, Sanfte. Dieser Aspekt kommt in der Auffassung von Technik als Medium zum Ausdruck. Ein Medium vermittelt: Es verkörpert den dynamischen Aspekt, es ermöglicht Prozesse. Dahinter stehen AkteurInnen, die sich (technischer) Medien bedienen, um die Wahrscheinlichkeit erfolgreicher Kommunikation zu erhöhen (Luhmann 1984: 219). Evolutionäre Errungenschaften wie Medien (Luhmann nennt, wie bereits oben erwähnt, Sprache, Verbreitungsmedien und symbolisch generalisierte Kommunikationsmedien) ermöglichen neben der Verbreitung auch die Aufbewahrung von Kommunikationsthemen und halten sie auf diese Weise für weitere kommunikative Anschlüsse verfügbar.
- *Software als strukturgebende Maschine/Werkzeug (ware):* Software umfasst ebenso das Formgebende, Harte, Strukturierende. Dem wird die Konzeption von Technik als Artefakt bzw. Werkzeug gerecht. Das Werkzeug greift strukturbildend in Zusammenhänge ein, es verändert Realität. Aus dieser Perspektive interessiert Technik als Vollzug von Gesellschaft: Technik als Software übt damit einen Gestaltungszwang auf die AnwenderInnen aus, ist aber dennoch interpretationsbedürftig, weil multifunktionell verwendbar. In diesem Zusam-

---

werden: Schreiben sei künstlich, zerstöre das Gedächtnis, ein Text sei nicht erklärungsfähig, passiv und nicht reaktionsfähig. Ong rekonstruiert das Schreiben als eine Technologie. Denn mit dem Schreiben begann, was der Computer lediglich fortsetzt, „nämlich die Reduktion des dynamischen Klanges zum unbewegten Raum, auch die Abtrennung des Wortes vom Lebenszusammenhang, in dem allein gesprochene Wörter existieren können." (Ong 1987: 84) menhang interessiert vor allem die gestaltende Kraft, die Technik auszuüben imstande ist. (vgl. 7.2 und 7.3).

Im Computer sind sowohl *instrumentelle* wie auch *mediale Entwicklungs- und Nutzungsmöglichkeiten* angelegt (Degele 2000: 57-68): *Mediale* Entwicklungen zielen auf eine geräuschlose Kommunikation: Die Maschine soll nicht auffallen, die (kommunikative) Aufgabe dagegen in den Vordergrund treten. Leisten sollen dies vor allem nutzerInnenfreundliche Systeme mit ansprechenden grafischen Oberflächen zur Bedienung. Speerspitze der Entwicklung zu Computern als Medien stammen bislang vor allem aus den Labors und Büros von VR-ForscherInnen (VR steht für Virtuelle Realität; alternativ benutzt man den Begriff *virtual environment;* Schroeder 1996). VR-Anwendungen wie Flugsimulatoren, digitale Kriegs- und Katastrophenszenarien und dreidimensional konstruierte Räume zur Telekonferenz sollen einen möglichst wirklichkeitsgetreuen Eindruck vermitteln – den man im Idealfall gar nicht mehr von der „Realität" unterscheiden kann. Die „angefaßte" Aufgabe ist davon nicht berührt – das Medium funktioniert idealiter geräuschlos, keine Spuren hinterlassend, als unsichtbarer Prozess.

Im Gegensatz zur Geräuschlosigkeit des Mediums erschließt sich die Funktion des Computers als Maschine bzw. Werkzeug über seine Fähigkeit, Stoffe, Energie und Information auf einen intendierten Zweck hin in kontrollierter Weise umzuwandeln. Der Computer als Werkzeug ist auf die Bearbeitung von Inhalten gerichtet, es geht um die Sammlung, Verarbeitung und Produktion von Information. In einem solchen *instrumentellen Verständnis der Maschine* geht es um funktionale, sachliche Bezüge – um „Artefakte, die vor allem im Kontext von Arbeit gedacht werden und dazu eingesetzt werden, Material zu verändern. Sie werden bedient und benutzt" (Schelhowe 1996: 65). Der sinnstiftende Kontext ist das herstellende Handeln.

Beide Aspekte, die Maschinen- und Medienfunktion, fließen im Computer zusammen. Er kann als Werkzeug der Bearbeitung von

Artefakten und Informationen erscheinen, aber ebenso als Brücke der Kommunikation.

9.3 Großtechnische Systeme und Gesellschaftstheorie

Im Gegensatz zu Techniken, die wie der Computer im kleinräumigen „Stand-alone-Betrieb" zum Zug kommen können, zeichnen sich großtechnische Systeme oder große technische Systeme aus durch den Bezug auf eine spezifische Technik, den Grad der Verkopplung bzw. der sachtechnischen Verknüpfungen (kleiner technischer Systeme), netzwerkartige Strukturen, große geografische Ausdehnung sowie eine erhebliche Kapitalintensität und Komplexität (Joerges 1992: 41; Weingart 1989b: 175; Mayntz 1993: 98; 1988: 236). Eine solche Charakterisierung ist eine pragmatische Annäherung. So kann der Technikbezug unterschiedlich stark ausfallen, je nachdem, wie weit der gedachte Wegfall der Technik die Sinnlosigkeit der verbleibenden Organisation impliziert: „Das Eisenbahnsystem ohne Eisenbahn ist eine wenig sinnvolle Vorstellung, das Bankensystem ohne Computer mag zunehmend schwer denkbar sein, sinnlos ist es dennoch nicht. Das erscheint als ein Definitionskriterium ‚groß'-technischer Systeme." (Weingart 1989b: 179) Durch den Grad der Kopplung der Systemelemente kann man Typen von großtechnischen Systemen unterscheiden. Beim Eisenbahnsystem sind die Systemelemente besipielsweise stärker miteinander verkoppelt als beim Automobilverkehr, zu einem funktionierenden Schienenverkehr ist ein hoher Grad an Organisation (festgelegte Haltestellen, Ankunfts- und Abfahrtszeiten, Streckenführung, gestellte Weichen) erforderlich, was das System tendenziell deterministisch und damit aber auch fehleranfälliger macht. Dieses Merkmal von eng gekoppelten technischen Systemen, nämlich ihre Fehleranfälligkeit, hat vor allem Charles Perrow in seinem Buch über „normale Katastrophen" (1989) eindrucksvoll belegt. Beispiele für großtechnische Systeme sind das Netz der Energieversorgung, die Telekommunikationsstruktur, das

Verkehrs- und Transportnetz und Entsorgungssystem[6]. „Gemeint sind technische Sozialsysteme, die im Prinzip von jedermann und jederfrau für einigermaßen beliebige Zwecke genutzt und an örtliche kulturelle Verhältnisse angeschlossen werden können, die relativ zu anderen technischen Systemen fortschreitend entlegenere sozialräumliche und zeitliche Grenzen zu überwinden erlauben, weil sie durchgehend auch und zunehmend sachtechnisch vernetzt sind.“ (Joerges/Braun 1994b: 7)[7] Auf den ersten Blick kontraintuitiv, aber bei Berücksichtigung des Netzcharakters folgerichtig sind Kraftwerke, Staudämme, Flughäfen und Produktionsanlagen für sich genommen noch keine großen technischen Systeme (Joerges/Braun 1994b: 21). Denn der Netzcharakter im Sinne sozialer Verknüpftheit ist als Zuschreibungskriterium wichtiger als die Größe der Systeme, die meist mit den Grenzen ihrer Organisation zusammen fällt. Technische Systeme und ihre BetreiberInnen-, NutzerInnen-, Zulieferorganisationen etc. dagegen sind deutlich voneinander zu unterscheiden. Mit Bezug auf den Netzcharakter lässt sich eine Brücke zwischen mikro- und makrosoziologischen Zugängen schlagen: Der auf der Mikroebene lokalisierte Computer des letzten Abschnitts ist für sich genommen kein großtechnisches System. Durch eine Vernetzung mit anderen Rechnern über das Internet wird er aber Teil eines großtechnischen Informations- und Kommunikationssystems.

---

6 Siehe als Überblick die Sammelbände von Bechmann/Rammert 1992; Coutard 1999; Joerges/Braun 1994a; Mayntz/Hughes 1988. Richtungsweisende Arbeiten der frühen Phase stammen von Hughes 1983; Mayntz 1988; Perrow 1989.

7 Eine akademischere Definition lautet: „Als große technische Systeme sollen solche Ensembles gegenständlicher technischer Strukturen und ihrer nicht-gegenständlichen technischen Komponenten bezeichnet werden, die (a) über weite räumliche und zeitliche Erstreckung integriert (gekoppelt, vernetzt) sind, die (b) das Funktionieren sehr großer Mengen anderer technischer Systeme ermöglichen und garantieren und dadurch (c) deren Organisation miteinander verbinden.“ (Joerges 1992: 56)

Aus diesen Zugangsweisen ergeben sich systemtheoretische Forschungsfragen danach, ob und wie man die Entwicklung großer technischer Systeme mit Hilfe von Prinzipien und Mechanismen erklären kann, die bei der Untersuchung gesellschaftlicher Teilsysteme Verwendung finden. Dafür spricht vor allem die Tatsache, dass großtechnische Systeme eine Form der Technik bilden, die sich nicht reduktionistisch durch ihre Bestandteile erklären lässt. Vielmehr werden die einzelnen Komponenten durch spezifische Organisationsformen verknüpft, die Systeme greifen in die natürliche und soziale Umwelt ein, verändern sich und ihre Umwelt fortwährend und irreversibel. Solche Wechselwirkungen zu analysieren ist genuin systemtheoretisches Terrain. Darüber hinaus machen vor allem die mit einer Aufwärtstransformation verbundene Fortschrittsdynamik, die Temposteigerung und Ressourcenintensität großtechnische Systeme zu einem geradezu paradigmatischen Modernisierungsfaktor. Systemtheoretisch geht es dann um die Frage, in welchem Sinn man bei großtechnischen Systemen von ausdifferenzierten Teilsystemen der Gesellschaft sprechen kann, d.h. ob und inwiefern sie zur Steigerung oder Reduktion gesellschaftlicher Komplexität beitragen und damit differenzierend oder integrierend wirksam werden[8].

Die Antwort ist: Großtechnische Systeme sind keine gesellschaftlichen *Teil*systeme, wohl aber funktional differenzierte, d.h. funktionsspezifische *Infrastruktur*systeme z.B. für Transport, Energie-

---

8 Auch interessiert, warum großtechnische Systeme zur Expansion neigen. Allerdings gibt es bislang kaum Anhaltspunkte dafür, wie Umschlagpunkte im Wachstum und im Wechsel von Größenordnungen präzise zu fassen wären. Dabei spielt auch das Problem des Sinns und Nutzens der Quantifizierung von Aufwärtstransformationen eine maßgebliche Rolle, weil sie vor allem die Geschichtlichkeit der Größenordnungen berücksichtigen muss. So macht es keinen Sinn, zurückgelegte Kilometer mit dem Flugzeug heute und mit der Kutsche vor hundert Jahren miteinander zu vergleichen. Hier müssten zunächst einmal Maße für die Bedeutung sozialer Operationen gefunden werden (Joerges/Braun 1994b: 29–34).

versorgung und Gesundheitswesen (Mayntz 1988; 1993). Zur Präzisierung dieser Zuordnung unterscheiden Joerges (1992: 58-61) und Braun (1994) großtechnische Systeme erster und zweiter Ordnung. Systeme erster Ordnung sind zweckoffene und damit funktionsunspezifische Infrastruktursysteme wie Verkehrs-, Transport- und Kommunikationsinfrastrukturen (s.o.). Mit Systemen zweiter Ordnung dagegen sind intersystemische Überbauten gemeint, in denen Teile der Systeme erster Ordnung für eine spezielle Aufgabe zusammengeführt werden. Dabei handelt es sich um gesellschaftliche Domänen, „in denen fortschreitend Teile ‚autonomer' technischer Netzstrukturen des Transports, der Kommunikation und des Datenaustausches, der Ver- und Entsorgung für die je eigenen Systemzwecke rekombiniert und mit einer eigenen institutionellen Identität versehen werden" (Joerges 1992: 59). Beispiele dafür sind die grenzüberschreitende Beseitigung gefährlicher Abfälle im Entsorgungswesen, die Strukturen des organisierten Massentourismus in der Freizeitindustrie oder der Aufbau eines überregionalen technischen Systems der Transplantationsmedizin im Gesundheitswesen.

Bei der Organtransplantation etwa stellen vor allem die chronische Zeitknappheit und die notorische Lücke zwischen Organnachfrage und Organangebot die zentralen Probleme dieses System zweiter Ordnung dar (Braun 1994: 455-465; Joerges 1992: 61-64): Die Zeitzwänge sollen durch mehr Flugzeuge zum Transport von Organen, leistungsfähigere Computer und eine Verbesserung der Todesdiagnostik überwunden werden. Mit seinem Erfolg (oder zumindest mit kommunizierten Erfolgsaussichten) produziert dieses System wiederum eine wachsende Nachfrage nach Organen, ebenso Diskurse der Legitimitätsbeschaffung und Verteilungsgerechtigkeit, gleichzeitig aber auch „Irregularitäten" der illegalen oder halblegalen Organbeschaffung. Es funktioniert nach einer eigenen Logik, greift aber dennoch in verschiedene gesellschaftliche Teilsysteme wie Medizin, Recht, Politik, Religion und Wissenschaft ein. Das System der Transplantationsmedizin ist dabei in hohem Maß abhängig von seinem netztechnischen Unterbau (erster Ordnung): „Geplante Transplantationen sind vereitelt worden durch den Kollaps des Telefonnetzes in einer Entnahmeklinik; durch wetterbedingte Flugausfälle; durch Massenkarambolagen und die anschließende Überlastung von Flugrettungsdiensten; durch Störung der Standleitung einer Transplantationszentrale; durch Verkehrsstaus, die eine rechtzeitige Bergung von organspendenden Unfallopfern nicht zuließen" (Joerges 1992: 64). Das Beispiel zeigt, dass großtechnische Systeme quer zu ausdifferenzierten Funktionssystemen liegen und damit eine konstitutive Voraussetzung für eine fortschreitende Differenzierung der Gesellschaft bilden (Ekardt 1994). In genau diesem Sinn sind großtechnische Systeme funktionsoffene und zweckunspezifische Systeme, also Medien sozialer Differenzierung.

Als eine Grundbedingung für die (Weiter)Entwicklung großtechnischer Systeme muß zwischen den technischen Komponenten und der Umwelt eine Art Filter oder „Paßform" (Weingart 1989b: 182) gefunden werden, wodurch die unterschiedlichsten Interessen laufen – und nicht ausgesiebt werden. Dies lässt sich wiederum gut systemtheoretisch rekonstruieren, indem man von Anschlussmöglichkeiten für die jeweiligen Referenzsysteme spricht. Soll etwa die Weiter- oder Neuentwicklung des Energieversorgungssystems Aussicht auf Erfolg haben, muss sie verschiedene Interessen bedienen: Wirtschaftlich organisierte Unternehmen der Energieversorgung wollen die Kosten der Primärenergieträger möglichst gering halten, aber dennoch möglichst viel Energie absetzen. Dafür brauchen sie möglichst viele KonsumentInnen. Technisch geht es um eine möglichst gleichmäßige Auslastung des Energienetzes. Und PolitikerInnen wollen den Wirtschaftsstandort sichern, dabei ihren Einflussbereich vergrößern und wieder gewählt werden. Dazu kann sich das Versprechen einer komfortableren und sparsameren Energieversorgung eignen (vgl. Weingart 1989b: 187-194; Felt u.a. 1995: 196).

Die Umstrukturierung der relevanten Umwelt kann also bis in die kleinsten Details (z.B. Tarife und Regelungen der Nutzungsrechte) hineinreichen. Im Idealfall passen sich System und Umwelt in einem wechselseitigen Steigerungsverhältnis aneinander an und entwickeln sich ko-evolutiv. So führte die Erhöhung der Weltmarktpreise für fossile Brennstoffe, die mit ihrer Verbrennung verbundenen Umweltbelastungen und die als bedrohlich empfundene Abhängigkeit von den erdölproduzierenden Ländern im Falle der Kernenergie zu einer Konstellation, die die zur Alternative stilisierte Energiequelle als einzig denkbaren Weg zur Sicherung der zukünftigen Energieversorgung erscheinen ließ. Dazu wiederum war es nötig, Einfluss auf ökonomische und politische EntscheidungsträgerInnen auszuüben wie auch technische Hindernisse zu bewältigen. Systembedingungen, Handlungen von AkteurInnen und Technik bilden somit ein großtechnisches System, dessen Entwicklung als mehr oder weniger zwangsläufig erscheint. Technische Systeme werden in diesem Sinn nicht autonom, „they acquire momentum" (Hughes 1987: 67). Begriffe wie „gehärtete Artefakte" (vgl. Latour 1991) und „Trajektorie" (Nelson/Winter 1977) meinen das Gleiche: Technik operiert als Steigerungsmechanismus gesellschaftlicher Modernisierungsprozesse und erscheint dabei unkontrollierbar, unveränderbar, als materialisierter Sachzwang. Tatsächlich aber sind die sozialen Wahlmöglichkeiten lediglich unsichtbar geworden.

Aus diesen Beobachtungen lassen sich einige Stärken und Schwächen der systemtheoretischen Beschäftigung mit Technik herausfiltern:

- Vor allem großtechnischen Systemen ist man geneigt, eine *Eigendynamik und Unkontrollierbarkeit* (*momentum*) zu unterstellen. Die Systemtheorie ist mit ihrer Annahme der Eigenlogik und operationalen Geschlossenheit von Teilsystemen mit solchen Überlegungen am ehesten kompatibel und kann solche Dynamiken gut erfassen.

- *„[D]ie Theorie sozialer Systeme verträgt wenig Sachtechnik."* (Grundmann 1994b: 538) Dies könnte an einem wenig trennscharfen Technikbegriff liegen. Denn die Systemtheorie begreift die Verwobenheit von Technischem und Sozialem aufgrund ihres (zu) weiten und damit indifferenten Technikbegriffs nur unzureichend: Bei Luhmann ist auch schon ein Konsens etwas Technisches, weil Konsens nur durch Reduktion zu gewinnen ist. Auch Temporalisierungen (Distanzierung von Vergangenem durch Nicht-mehr-Berücksichtigen) und das Bilden bestimmter Erwartungen ist für Luhmann Technik (Wagner 1998: 35). Eine gesonderte Behandlung von Sachtechnik wird damit erschwert, wenn nicht unmöglich gemacht.

- Um die systemtheoretische Techniksoziologie für empirische Analysen nutzbar zu machen, sind Bezüge auf Entlastung (kausale Simplifikation) und Reduktion von Komplexität (Luhmann 1991: 104f.) notwendig. Das ist sachlich begründet, läuft aber dem systemtheoretischen Ansinnen zuwider, eine Alternative zu handlungstheoretischen Verkürzungen zu bieten. Denn diese Bezüge führen dem systemtheoretischen Anspruch nach viel zu viel *Handlungsorientierung* als Ballast mit und machen Technisierungsfolgen damit nur noch als Handlungsfolgen zurechenbar (Grundmann 1994b: 510–513).

- Eine *Techniksoziologie mit allgemeinem Anspruch* muss in der Lage sein, sowohl (tele)kommunikative Modelle von Informations- und Kommunikationstechnologien auf eine „kommunikationsferne" Technik wie etwa ein Abwassersystem anzuwenden und umgekehrt letztere auf ihren kommunikativen Gehalt hin zu untersuchen. Erst dann kann man von einer Überwindung „jener unbarmherzigen Dichotomie der Technikforschung – technisch/sozial" (Joerges/Braun 1994: 27) sprechen. Die systemtheoretische Techniksoziologie ist dazu nur begrenzt in der Lage, weil sie das Materielle nicht adäquat erfasst. Im Gegensatz zu einer realistischen Soziologie großtechnischer Systeme, die eine historisch zunehmenden Materialisierung sozialer Strukturen in Technik behauptet (Joerges/Braun 1994: 36-39) und sich hier mit der postkonstruktivistischen Aktor-Netzwerk-Theorie trifft, lösen konstruktivistische Theorien das Materielle in Kultur (Plant 1997) und Text (Woolgar

1985) oder eben – wie es Luhmann freilich in einem anderen theoretischen Kontext vorführt – in Kommunikation auf[9].

- Trotz solcher Schwächen hat die Systemtheorie Luhmannscher Provenienz wie kaum ein anderer Zugang zu Technik einen *gesellschaftstheoretischen Bezug* schon vom Ansatz her integriert. Das Verständnis von Technik als kausaler Simplifikation und als Medium sozialer Differenzierung etwa führt modernisierungstheoretisches Denken schon zwangsläufig mit im Gepäck. Das macht die Techniksoziologie anschlussfähig für die allgemeinsoziologische Diskussion und arbeitet gegen ein Auseinanderfallen der Soziologie in voneinander abgekoppelte Teildisziplinen (vgl. 1.1).

- Die Unterscheidung von Technik als Medium und als Maschine eröffnet schließlich weitreichende Möglichkeiten *funktionaler Analysen* – und das per definitionem für alle soziologisch relevanten Fälle. Diese Abwendung von kausalen Zugängen der Gesellschaftsanalyse teilt die Systemtheorie mit der Aktor-Netzwerk-Theorie. Auch wenn Forscher wie Niklas Luhmann und Bruno Latour von gänzlich unterschiedlichen Wissenschaftstraditionen verwurzelt sind, so entwerfen doch beide ein dynamisches Modell der sozialen und technischen Entwicklung, gesehen als Wachstum durch eine Subjekt-Objekt-Trennung einerseits (Luhmann) und als eine Rekombination bzw. Vernetzung andererseits (Latour). Bei Latour steht die Variabilität der Grenzziehung im Vordergrund, Luhmann geht von autopoietisch geschlossenen Teilsystemen mit inkompatiblen Systemlogiken aus. Technik beginnt bei beiden eine Rolle

9 Einen solchen „Entmaterialisierungsschub“ in der Techniksoziologie kann man sicherlich auch mit der Faszination des Neuen erklären: Telekommunikation, Computer und Internet sind wissenschaftliche und massenmedial inszenierte Modethemen geworden. Im Zuge dessen sind kommunikationsferne Techniken wie beispielsweise die Abwasserentsorgung weitgehend im Hintergrund soziologischen Interesses geblieben.

zu spielen, wenn sie soziale Kommunikation irritiert – und solche Irritationen zeichnen sie funktional nach mit dem Blick auf Äquivalente (Technisches ersetzt Menschliches oder umgekehrt) und Kontingenz (es wäre auch anders möglich gewesen).

10 Perspektiven einer techniksoziologischen Gesellschaftstheorie

Im ersten Kapitel dieses Buchs habe ich einen modernisierungstheoretischen Bezugsrahmen für eine soziologische Auseinandersetzung mit Technik vorgestellt. Die darauf folgenden Kapitel 2 bis 4 beleuchteten Technik im Spannungsfeld von Sachzwängen und Optionen. Mit den Kapiteln 6 und 7 habe ich mich Schritt für Schritt tiefer „in die Technik hinein" begeben und aus einer theoretischen Perspektive Anschlüsse an soziologisches Denken gesucht. Kapitel 5 verband diese beiden Zugangsweisen über die Auseinandersetzung mit dem Zusammenhang von Technik und Arbeit. Kapitel 8 und 9 markierten Kontrapunkte einer nun gesellschaftstheoretisch erweiterten Debatte. In diesem letzten Kapitel will ich nun Möglichkeiten einer techniksoziologischen Gesellschaftstheorie skizzieren. Dies soll im Rahmen einer Auseinandersetzung mit dem Thema Wissensgesellschaft geschehen (10.1). Dazu werde ich einige Fäden zusammenführen. Zum einen geht es dabei um die Bedeutung von Arbeit und Wissen (vgl. Kap. 5) und die zunehmende Bedeutung von Prozessen der Computerisierung (vgl. Kap. 7 und 9; 10.2), zum anderen um die gesellschaftstheoretischen Gegenpole der These fortschreitender Hybridisierung (Kap. 8) sowie der (funktionalen) Differenzierung (Kap. 9; 10.3).

10.1 Wissensgesellschaft: Ein neuer Typ von Gesellschaft?

Dass Technik eine gesellschaftskonstituierende Rolle spielt, ist zum Allgemeinplatz geworden. Auf welchen Begriff dies zu bringen ist, darüber herrscht weniger Einigkeit. Technikgesellschaft (Halfmann 2001), technologische Gesellschaft (Ellul 1964), technische Zivilisation (Gehlen 1957), automatisiertes Zeitalter oder kybernetische Gesellschaft (Arbib 1984) sind mögliche KandidatInnen. Akzentuiert man durch Technik induzierte spielerische Unverbindlichkeiten, Entgrenzungen und digitale Freiheiten, fällt die Begriffswahl auf die Cybersociety (Bühl 1996), Cybermoderne (Faßler 1993) oder Postmoderne (Zima 1997). Politisch verwurzelte Gesellschaftsbeschreibungen subsumieren Prozesse der Technisierung unter Schlagworten wie globale Gesellschaft (Albrow

1996), wissenschaftliche Zivilisation (Schelsky 1965), technologische Zivilisation (Mumford 1977) oder kyberokratische Gesellschaft (Ronfeldt 1992). Noch weiter reichen Begriffe wie aktive (Etzioni 1968), mediale (Faßler 1997), postindustrielle Gesellschaft (Bell 1975; Touraine 1972), Informations- (Webster 1995), Risiko- (Beck 1986), Kommunikations- (Münch 1991), Wissens- (Böhme 1997; Stehr 1994; Weingart 2001; Willke 2001), Wissenschaftsgesellschaft (Kreibich 1986), Wissensordnung (Spinner 1994), Informationszeitalter (Capurro 1995), reflexive oder zweite Moderne (Beck 1996), Moderne (Habermas 1985) oder einfach nur: Gesellschaft (Luhmann 1997).

Letzterer bemerkt richtig, dass es kein theoretisches Erklärungsmodell gibt, das strukturelle Merkmale der modernen Gesellschaft gegenüber älteren Gesellschaftsformationen auszeichnet (Luhmann 1997: 1088-1096). Alle Konzepte analysieren Gesellschaft unter einem bestimmten Blickwinkel. Dennoch beanspruchen sie, zentralen Charakteristika und Funktionsmechanismen der Gesellschaft auf die Spur gekommen zu sein und sie entsprechend zu beschreiben. Überlegungen zur Wissensgesellschaft machen hier auf den ersten Blick keine Ausnahme. Denn ihnen zufolge sind Wissen, Wissenschaft und Technik zu einer Produktivkraft geworden (Bell 1975; Drucker 1993; Kreibich 1986; Willke 1998), also zu Hauptfaktoren der gesellschaftlichen Entwicklung. Ebenso fungiert Wissen als kulturelles Kapital und das heißt als Stratifikationsmerkmal bei der Zuordnung von Lebenschancen (Böhme 1997; Dordick/Wang 1993; Stehr 1994).

Der in diesem Zusammenhang relevante Aufhänger der Debatte um die Wissensgesellschaft ist Daniel Bells Entwurf der postindustriellen Gesellschaft[1]. Neben Technik betont Bell die Akquisition und Kodifizierung theoretischen Wissens als neues axiales Prinzip. Danach sind nicht mehr Unternehmen, sondern Forschungsinstitute und Universitäten die Quellen des volks-

---

1 vgl. Bell 1975; Bühl 1983; Stehr 1994: 99-174.

wirtschaftlichen Reichtums und einer intelligenten politischen Planung. Daneben berücksichtigt Bell das zunehmende Gewicht des Dienstleistungssektors und behauptet den Vorrang einer Klasse von Professionellen aus Technik und Wissenschaft. Schließlich unterstreicht er die Bedeutung wissensbasierter Technologien als Motoren sozialen Wandels[2]. Aber auch für ihn als technikgläubigen Fortschrittsoptimisten und Vertreter eines *social engineering* gilt: „The progression of theory, not the accumulation of information, is the condition of advances in knowledge in contemporary society." (Bell 1994: 499)

Bell stand mit seinen Ideen nicht allein. Bereits in den sechziger Jahren haben japanische und amerikanische Ökonomen den Wert von Wissen als primärem Wertschöpfungsfaktor erkannt. Dies hat sie zur Konzeption der Informations-, Wissens- oder Ideenökonomie geführt. Treibende Kräfte sind dabei Produktion, Distribution und Konsum von Information als volkswirtschaftlich relevante Größen (Masuda 1981). Solche wissensökonomischen Ansätze beschreiben den Übergang von der klassischen Industriegesellschaft zur postindustriellen Gesellschaft (Bell 1975), zur Post-Informationsgesellschaft (Negroponte 1995), zu einem neuen Kapitalismus (Florida/Kenney 1993), Postkapitalismus (Drucker 1993) oder zur Ideenökonomie (Romer 1993) als Prozess der Symbolisierung bzw. Dematerialisierung – kurz: als Ergebnis von

---

2 *Intellectual technologies*, also wissensbasierte Informations- und Kommunikationstechnologien, unterstützen die politische Entscheidungsbildung und Steuerung im Hinblick auf eine rationale Organisationsentwicklung und Gesellschaftsplanung (Bell 1975: 29f.). Daran knüpfen sich – meist technisch verkürzte – Konzepte zur Informationsgesellschaft als „Wirtschafts- und Gesellschaftsform, in der die Gewinnung, Speicherung, Verarbeitung, Vermittlung, Verbreitung und Nutzung von Informationen und Wissen einschließlich wachsender technischer Möglichkeiten der interaktiven Kommunikation eine entscheidende Rolle spielen." (Rat für Forschung, Technologie und Innovation 1995)

Wissensarbeit[3]. Novum dabei: Mehr Arbeitszeit wird in die Produktion und den Konsum von Wissen im Gegensatz zur Produktion und zum Konsum materieller Güter gesteckt[4].

Glaubt man ÖkonomInnen, so ist Wissen zu 75 Prozent für den Wertzuwachs bei der Transformation vom Rohmaterial zum marktfähigen Produkt verantwortlich (Essers/Schreinemakers 1997). Beim Halbleiterchip entfallen weniger als drei Prozent des Preises auf Rohstoffe und Energie, fünf Prozent auf die Herstellungsanlagen und sechs Prozent auf die Arbeitskräfte, die die Routinetätigkeit erledigen. Mehr als 85 Prozent werden für die Entwicklung und die Patente ausgegeben. Wenn die britische Pharmafirma ICI in den siebziger Jahren ein neues Produkt auf den Markt brachte, dauerte das 4 bis 5 Jahre und kostete 16 Millionen US-Dollar. Ende der Achtziger verschlang eine Neuentwicklung 250 Millionen US-Dollar und erstreckte sich über ein Dutzend Jahre, Tendenz steigend (Pulic 1993: 52; Reich 1993: 118f.). Diesen Strukturwandel der Wertschöpfung bezeichnet man volkswirtschaftlich als „Gesetz vom steigenden Markterschließungsaufwand“: Weil sich die Lebenszeit von Produkten ständig verkürzt, ist der Aufwand zur Erschließung neuer Beschäftigungspotenziale höher als jener, der notwendig war, um die alten Beschäftigungspotenziale zugänglich zu machen. War früher also ein Großteil des Arbeitseinsatzes in die *Anwendung* von Arbeits-

---

3 Vgl. Binswanger 1992; Dordick/Wang 1993; Drucker 1969; Pulic 1993; Willke 1998.

4 Wenn der Anteil der Rohstoffe in der Produktion sinkt, steigen die (wissenschaftlichen) Vorlaufzeiten technischer Entwicklungen deutlich – münden dann allerdings in einer Flut kurz aufeinanderfolgender Neuentwicklungen. Der Aufwand schlägt sich in Aus- und Weiterbildung, Kapitalkosten des Arbeitsplatzes, Personalkosten, Aufwand für Forschung und Entwicklung sowie Infrastrukturkosten nieder. 1975 wendeten deutsche Unternehmen im Schnitt pro 1.000 DM 19 DM für Forschung und Entwicklung auf, 1985 waren es schon 26 DM. In der Elektroindustrie betrug der Anteil Ende der achtziger Jahre fast 50 DM (Nefiodow 1990: 39; 121-127).

mitteln zu stecken, absorbiert heute die *Bereitstellung* der Arbeitsmittel den Löwenanteil – mit einem wachsenden Einsatz von Wissen.

Was dabei stattfindet, ist eine *Verlagerung des Produktionsinputs weg von Materie hin zu Wissen*. Geht mit den verlängerten Vorlaufzeiten eine Verschiebung zu wissensbasierten Arbeitsplätzen einher, so bleibt die Produktion davon nicht unberührt. Ein Beispiel: Auch Kleinstahlwerke stellen heute weniger Güter her. Stattdessen verändern, bearbeiten und veredeln sie Materie – unter Einsatz von Wissen. Klassische FacharbeiterInnen werden damit zu TechnikerInnen, für unqualifizierte Arbeit bleibt immer weniger Raum. Auf diesen rekursiven Prozess, dass sich nämlich vor ein Wissensprodukt ein Wissensprozess schiebt, machte der Managementtheoretiker Peter Drucker (1993: 69) bereits in den sechziger Jahren aufmerksam. Er klassifiziert gesellschaftliche Epochen nach ihrem Umgang mit Wissen: Die industrielle Revolution war durch die Anwendung von Wissen auf Werkzeuge, Verfahren und Produkte geprägt, die Produktivitätsrevolution durch die Anwendung von Wissen auf Arbeit (vgl. Taylorismus) und in der gegenwärtigen Managementrevolution geht es um die Anwendung von Wissen auf Wissen (vgl. 5.3).

Mithilfe der Unterscheidung von Wissen erster und zweiter Ordnung lässt sich diese Entwicklung konkretisieren (Degele 2000: 95-100). *Wissen erster Ordnung* umfasst vor allem Wissensstrukturen als inhaltliche Bestände. Beispiele sind die domänenspezifischen Fachkenntnisse von FinanzbeamtInnen, DJs oder auch EinbruchspezialistInnen. *Wissen zweiter Ordnung* setzt sich hauptsächlich aus Wissensprozessen in Form von Meta- und Medienkompetenzen zusammen. *Metakompetenz* steht für Wissen über Wissen, also theoretisches und technisch angereichertes Verfahrenswissen zuzüglich sozialer Kompetenzen. *Medienkompetenz* ist vor allem technisches Bedienungswissen. Konnte man im „Prä-Computerzeitalter" Metawissen (als Wissenswissen) und Medienkompetenz noch deutlich unterscheiden, fließen sie unter Bedingungen fortschreitender Computerisierung zunehmend ineinander.

Nicht nur die Komposition von Wissen ändert sich. Viel wichtiger: Die Bedeutung von Wissen erster Ordnung nimmt zugunsten von Wissen zweiter Ordnung ab. Erstens nämlich wächst Wissen erster Ordnung den Einzelnen buchstäblich über den Kopf. Eine solche exponentielle Vervielfachung betrifft ebenso das gesellschaftliche Wissen, das akkumuliert zum Abruf und zur Verwendung zur Verfügung steht. So verdoppelt sich das Weltwissen alle 5-10 Jahre. Einige konkretere Zahlen: Bis 1995 hat sich die Zahl der wissenschaftlichen Zeitschriften um 26 Prozent auf insgesamt 147.000, und die Zahl der Fachdatenbanken um 30 Prozent auf 8.800 erhöht; der jährliche Zuwachs einer deutschen Bibliothek beträgt durchschnittlich 30.000-50.000 Bände (Bayerisches Staatsministerium für Unterricht, Kultus, Wissenschaft und Kunst 1995; Gattermann 1996: 103f.). In den letzten 100 Jahren hat sich die wissenschaftliche Literatur alle 16 Jahre verdoppelt; die naturwissenschaftliche sogar alle 10 Jahre (Zimmer 2000: 28). Der zweite Faktor ist der sich rasant vollziehende Verfall, also die immer kürzere Gültigkeit von Wissen. So gehört es unter dem Stichwort „Halbwertzeit" inzwischen schon zum ingenieurwissenschaftlichen Dogma, dass die Qualifikation von Software-EntwicklerInnen nach 3 Jahren gerade noch die Hälfte wert ist. Drittens ist vor allem dem Medium Computer ein schnelles „Informationssterben" verdanken: „Je kürzer die Medien und je dichter sie die Information packen, desto kürzer ist ihre Lebenserwartung." (Zimmer 2000: 167) So verwundert es nicht, dass die durchschnittliche Lebensdauer eines Dokuments im Internet auch nur 44-70 Tage beträgt (Zimmer 2000: 12).

Der Einsatz von Technik und speziell von digitalen Informations- und Kommunikationstechnologien verändert Wissen also grundlegend. Wissen wird „informiert" (Degele 2000). Ein solches Informieren als „in eine Form bringen" umfasst sowohl den Prozess des Formgebens[5] wie auch das Ergebnis der Formgebung. Zentrale

---

5 Wenn Technik Wissen in Form bringt, geschieht eine doppelte Veränderung. Der Einsatz von Computern wandelt nicht nur gesellschaft-

Medien der Informierung von Wissen sind Computer. Mit der „Informierung von Wissen" ist gemeint, dass der Einsatz von Computern Wissen in eine neue, nämlich inhaltsarme und dafür verarbeitungs- und inszenierungsfreundliche Form bringt. Das Ergebnis der Formgebung besteht darin, dass „Wissen zweiter Ordnung" wichtiger wird als inhaltliches Domänenwissen, also Wissen darüber, wie inhaltsspezifisches Domänenwissen zu organisieren, zu inszenieren und in Aktion zu bringen ist. Grund: Inhaltliches Wissen verliert an Bedeutung, denn es veraltet zu schnell, und es wird zuviel. Die Kommunikation *über* und die Inszenierung *von* Wissen (jenseits von richtig und falsch) wird wichtiger als das Wissen selbst.

Das Spezifikum eines soziologischen Konzepts der Wissensgesellschaft gegenüber Sichtweisen, die ökonomische, wissenschaftliche oder informationstechnische Implikationen von Wissen betonen, ist vor diesem Hintergrund auf drei Ebenen zu verorten: der sozialen, sachlichen und zeitlichen. In *sozialer Hinsicht* ist Wissen eine „generalisierte Ressource im materiellen Verteilungskampf" (Stehr 1994: 196) und damit eine Handlungskompetenz. *Sachlich* gesehen ist Wissen immer Wissen *von* etwas, stellt damit einen Bezug zur Realität her und misst Dingen Bedeutung zu (Etzioni 1968: 136). Erst mit Hilfe von Wissen gelingt es Gesellschaften, Informationen über sich selbst und ihre Umwelt in zielgerichtete Aktionen umzusetzen: Wissen bewirkt etwas in der Welt. Wissen entsteht durch Irritationen, Überraschungen und Enttäuschungen. Diese geben dazu Anlass, die Reaktionen darauf sowohl zu fixieren wie auch entwicklungsfähig zu halten. Dabei ist nicht ent-

---

liche Wissensbestände (idealtypisch: fachliches Know-what). Er greift auch grundlegend in die Form und Operationsweise von Wissensprozessen ein (Know-how). Das erste (Informationszuwachs) ist Zweck des Computereinsatzes, das zweite läuft als unbeabsichtigte und unreflektierte Nebenfolge mit. Damit verändert sich Wissen nicht nur additiv im Sinne einer Wissensanhäufung. Entscheidend ist der *qualitative* Wandel – die modifizierte Komposition, also Zusammensetzung von Wissen.

scheidend, *was* wir wissen, sondern *wie* wir wissen und mit Wissen umgehen. Hinsichtlich der *zeitlichen Dimension* muss Wissen austausch- und entwicklungsfähig bleiben. Dazu muss es über die Fähigkeit zur Emergenz verfügen, in Richtung zu- wie auch abnehmender Reflexivität mobil sein, und dazu Informationen situationsspezifisch aggregieren oder dekomponieren (Bühl 1984: 323). Im Vordergrund eines soziologischen Wissenskonzepts stehen damit Wissensflüsse, also der Austausch, der Anschluss, die Erneuerung und Entsorgung von Wissen. Zusammenfassend heißt das:

- Handlungsermöglichende Kompetenz (soziale Ebene), das Bewirken von etwas in der Welt (sachliche Ebene) sowie die Fähigkeit zur Emergenz unter Absehung von Inhalten (zeitliche Ebene) charakterisieren einen soziologischen Wissensbegriff,
- vor allem digitale Informations- und Kommunikationstechnologien zeichnen sich durch Raum und Zeit überbrückende Charakteristika aus,
- Wissenschaft und Technik sind Hauptfaktoren der gesellschaftlichen Entwicklung, und Wissenschaft ist eine Produktivkraft,
- Wissensarbeit gilt als ökonomischer Wertschöpfungs- wie auch als sozialer Stratifikationsfaktor.

Nicht nur die Produktion von Gütern und Dienstleistungen ist wissensintensiver geworden. Auch der Anteil der Ausbildungsphase an der Biografie der Individuen steigt. Weil nämlich die Lebenschancen der meisten Menschen in steigendem Maß bildungsabhängig werden, müssen sie mehr Zeit auf den Erwerb von Wissen verwenden (lebenslanges Lernen). Für ein umfassendes Konzept von Wissensgesellschaft interessieren weiterhin politische Fragen der Globalisierung und der Steuerungsfähigkeit des Nationalstaats sowie in kultureller Hinsicht technisch vermittelte neue Informationskulturen und die Individualisierung. Dabei ist in den neunziger Jahren das Internet zur Leitmetapher für Vernetzung, Demokratisierung, Globalisierung und die Virtualisierung von

Raum und Zeit geworden. Welche gesellschaftstheoretischen und techniksoziologischen Konsequenzen lassen sich aus den angestellten Überlegungen zur Wissensgesellschaft ableiten?

10.2 Technisierung gesellschaftstheoretisch

Im ersten Kapitel habe ich Steigerung, Differenzierung, Verselbständigung und Individualisierung als Mechanismen gesellschaftlicher Modernisierung gekennzeichnet und Technik dabei als zentralen Faktor bestimmt. Im vorangegangenen Abschnitt ging es darum, den Zusammenhang von Technik und Wissen mit Überlegungen zur Wissensgesellschaft zu verknüpfen. Technischer Wandel schließlich, dies zeigten evolutionstheoretische Überlegungen[6], findet stufenweise statt. Bei einem solchen selektiven Geschehen müssen Innovationen sukzessiv systemspezifische Filter passieren. Auf jeder Stufe fließen gemachte Erfahrungen rekursiv ein und müssen mit den dominierenden Spielregeln (das sind hier die subsystemspezifischen Logiken der Wissenschaft, Wirtschaft, Politik usw.) der jeweiligen Phase (Entstehung, Stabilisierung und Durchsetzung) in Einklang gebracht werden. Mit fortschreitendem Stadium nimmt dabei der Grad der Beeinflussbarkeit ab. Technischer Wandel erscheint so als ein mehrstufiger Selektionsprozess von der Generierung neuer Technikkonzepte, über die kreative Konstruktion technischer Artefakte, die probeweise Implementierung bis zur dauerhaften Institutionalisierung technischer Systeme. Nun interessiert, ob und wie modernisierungstheoretische Überlegungen Wissen als konstitutiven Faktor gesellschaftlich-technischen Wandels zu berücksichtigen in der Lage sind. Dazu greife ich auf einige Annahmen aus Niklas Luhmanns Theorie zur funktionalen Differenzierung der Gesellschaft (vgl. dazu 9.1) und auf Ulrich Becks Theorie reflexiver Modernisierung zurück – auf letztere in Anknüpfung an Latours Überlegungen zu Hybridisierung (vgl. Kap. 8).

---

6 Vgl. dazu Basalla 1989; Bühl 1995: 55–73; Nelson/Winter 1977; Rammert 1993: 151-176; vgl. Kap. 4.

Systemtheoretisch kann man Gesellschaft als kommunikativ erreichbaren (Informations)Raum begreifen. Modernisierungstheoretisch steht dann die (technisch vermittelte) Steigerung kommunikativer Erreichbarkeit im Vordergrund (Paetau 1996). Medial fungieren Informations- und Kommunikationstechnologien als „geräuschlose“ Assistenten zur Schaffung kommunikativer Anschlüsse, als Maschine dienen sie der Performanzsteigerung und verstärken die Ausdifferenzierung von Subsystemen: Computer ermöglichen eine höhere Publikationsdichte in der Wissenschaft, schnellere Entscheidungen in der Politik, verkürzte Innovationszyklen in der Ökonomie, mehr Behandlungen in der Medizin usw. Auch die wirtschaftlichen Trends des Outsourcing und der Konzentration auf die Kernkompetenzen folgen dem Prinzip der funktionalen Differenzierung. Technik allgemein und Computerisierung speziell operieren damit als Medien funktionaler Differenzierung (vgl. 9.2).

Am Gewinn und den Kosten dieser Modernisierungsdynamik nun setzt die Theorie reflexiver Modernisierung an (Beck 1993; 1996; Beck/Bonß/Lau 2001). Bezugspunkte sind dabei die auseinander driftenden gesellschaftlichen Teilbereiche. Denn funktionale Differenzierung wird nicht als Lösung, sondern als eine Ursache gesellschaftlicher Steuerungs- und Integrationsprobleme identifiziert: Gesellschaftliche Teilsysteme produzieren Risiken, die durch das Raster der Spezialisierungen fallen und damit einen teilsystemübergreifenden Bezug aufweisen. Grundlegend ist dabei die Annahme, dass auf Mechanismen funktionaler Differenzierung fußende Rationalisierungsgewinne nicht unbegrenzt steigerbar sind. Sie können erzielte Gewinne aufzehren, ab einem bestimmten Punkt können die Folgen demotivierend und kontraproduktiv sein, und schließlich kann vor allem die Flexibilität in organisatorischen Umwelten erheblich beeinträchtigt werden. Bürokratien etwa sind Beispiele ausdifferenzierter Organisationen, in denen die eine Hand nicht weiß, was die andere tut. Im Zentrum der Analyse stehen bei diesem Ansatz dann nicht mehr eine technisch vermittelte Steigerung der Kommunikation, sondern durch (Nicht)Wissen vermittelte (Neben)Folgen der Steigerung.

Konstituiert sich diese Dynamik über das in der Gesellschaftstheorie bislang unberücksichtigte Medium des Nicht-Wissens (aufgrund nicht gewusster Folgen) (Beck 1986: 93; 1993: 174-179), so ist die Wissensproduktion hier reflexiv, d.h. sich selbst zum Problem geworden (Beck/Holzer/Kieserling 2001: 71f.)[7]: Die Gesellschaft produziert intern eine Dynamik, die ihr über den Kopf wächst. Damit aber greifen die Prämissen der Modernisierung nicht mehr unbesehen. Denn die Gewinne funktionaler Differenzierungsprozesse können nicht mehr mit den bisher eingesetzten Mitteln bewältigt, die Folgeprobleme nicht mehr auf die Umwelt abgewälzt werden. Sie schlagen auf die Institutionen und Individuen zurück. Deshalb ersetzt die Theorie reflexiver Modernisierung die Linearitätsannahme eines eigendynamischen Rationalisierungsprozesses durch das Selbstgefährdungsargument. Als Motor des Gesellschaftswandels gilt nicht mehr die Zweckrationalität, sondern die Nebenfolge. Die computertechnisch induzierte Papierflut des „papierlosen Büros" ist eines der augenfälligsten Beispiele für die selbstverstärkende Dynamik von Rationalisierungsgewinnen. Ebenso setzt der Publikationsdruck in der Wissenschaft eine Flut Veröffentlichungen in Gang, die durch immer kürzere Zeitintervalle bestimmt ist und den Publikationsdruck wiederum verstärkt. Die wachsenden Bücherberge in Bibliotheken erfordern technische und institutionelle Bewältigungsstrategien, die selbst wieder in Datenflut ausarten. Hochleistungsfähige Simulationssoftware und mathematische Programme der maschinel-

---

7 Ein Beispiel dafür ist CASE (Computer-Aided Software-Engineering): Bei der Entwicklung von Software sollen die nicht mehr zu bewältigende Komplexität der produzierten Software sowie der Methoden und Vorgehensweisen bei der Erstellung überschaubar gemacht werden. Mittel dazu ist wiederum der Einsatz von Software, der selbst wieder vor dem Problem ausufernder Komplexität steht. Mit anderen Worten soll die anfallende Komplexität der Software-Erstellung mit software-basierten Methoden der Software-Erstellung bewältigt werden. Oder kurz: Der Teufel wird mit dem Beelzebub ausgetrieben.

len Beweisführung ermöglichen Berechnungen, die bereits aufgrund ihres Umfangs von niemandem mehr allein zu überschauen und zu bewältigen sind und deshalb neue soziale Mechanismen der Zurechnung von Autorenschaft erfordern.

Informations- und Kommunikationstechnologien sind Lehrbuchbeispiele für beide Dynamiken – für funktionale Ausdifferenzierung und für reflexive Modernisierung. Zur ersten Perspektive: Die technische Performanz steigt, eröffnet neue Anwendungsmöglichkeiten, erlaubt einen technisch unterstützten, vermittelten und situationsspezifisch angepassten Umgang mit Raum und Zeit. Digitale Informations- und Kommunikationstechnologien sind aufgrund ihrer Programmierbarkeit multifunktional verwendbar: sowohl als instrumentelles Werkzeug wie auch als Medium. Sie schaffen neue Freiheiten, bedürfen aber gleichzeitig der Aneignung (Hörning 1989). Vor allem hat sich die Struktur von Software-Systemen drastisch geändert: Dominierten früher monolithische Systeme, geht der Trend nun zu verteilten und von vielen Herstellern stammenden Systemen. Damit werden neue soziale Regelungsmechanismen (Software-Engineering, Einführungsstrategien) und auch berufliche Tätigkeitsbeschreibungen (z.B. InformationsbrokerInnen oder Content-ManagerInnen) erforderlich, die zwischen den technischen Sachverständigen und den Anwendern vermitteln. Informations- und Kommunikationstechnologien unterstützen also eine Ausdifferenzierung technischer Leistungsmerkmale vor allem in den Dimensionen von Raum und Zeit.

Zur zweiten Perspektive: Die skizzierten Merkmale der Performanzsteigerung und der Erschließung neuer Anwendungsgebiete bergen aber auch gegenläufige Tendenzen (Wersig 1993: 85-100; Encarnacao u.a. 1994; Bühl 1996): Die Differenzen von Raum und Zeit verschwimmen, und Technik ist dafür maßgeblich verantwortlich. Wenn bei der elektronischen Publikation im Netz kein Zeitpunkt mehr fixierbar ist, an dem das Werk „fertig" ist, verlieren zeitliche Kategorien ihre Wirksamkeit als Strukturierungsprinzip. Bei solchen doppelläufigen Prozessen hinken die sozialen Mechanismen der Integration nach, und in diesem Sinn trifft die

Rede von einem *social lag* zu. Räumlich kommt es zu einer Steigerung der Mobilität: zu einem schnelleren Wechsel von Räumen und zu einer raumunabhängigeren Gemeinschaftsbildung – regional und global. Wird das Handeln zeitpunktunabhängiger, müssen Gegenwart und Zukunft jedoch als Zeitkontinuitäten neu koordiniert werden. Unter dem Einfluss von Informations- und Kommunikationstechnologien werden somit die räumlich-zeitlichen Beziehungen gleichermaßen offener und gestaltungsbedürftiger – sie *über*fordern eingespielte soziale Praktiken und *er*fordern soziale Restrukturierungsleistungen.

Ein Beispiel für die Irritation der Zeiterfahrung ist das Paradox von Zeitgewinn und Zeitverlust bei computergestützter Arbeit: Auf der einen Seite schrumpfen Dreimonatsprojekte (z.B. die Lohnbuchhaltung bei einer Organisation ohne Computer) auf eine Woche zusammen. Auf der anderen Seite wird aus „nur mal eben fünf Minuten" (z.B. die Konvertierung oder Umformatierung eines Textes) eine ganze Nacht (Löchel 1997: 266). Der Preis für eine Zeitersparnis ist ein oft als unverhältnismäßig wahrgenommener Aufwand an Vorarbeit und Einarbeitung – ein Indiz für die zunehmende Bedeutung von Wissen zweiter Ordnung. Auf der anderen Seite führt ein erzielter Zeitgewinn zu einer Arbeitsverdichtung, der Überschuss wird also wieder aufgefressen. Die effektive Arbeit am Computer erfordert somit einen hohen Organisationsaufwand, eine sorgfältige Strukturierung der Arbeitsschritte. Die eigentliche domänenspezifische Arbeit (z.B. die Honorarabrechung eines Jahres) kann auf einen in Sekunden abgearbeiteten Algorithmus zusammenschrumpfen. Genau diese Verdichtung markiert den technischen Kern des Umbaus von Wissen.

Die beiden Mechanismen der differenzierenden und der reflexiven Dynamik verweisen wechselseitig aufeinander. Mehr noch: Sie wirken rekursiv und verstärkend ineinander. Eine bewusste Tempoerhöhung kann beispielsweise zu einem Verfahren des Konsensmanagements werden. Empirisch zeigt sich nämlich, dass sich Zeitdruck positiv auf innerorganisatorischen Wissenstransfer niederschlägt (Lullies/Bollinger/Weltz 1993: 177-204). Schwierig wird es erst, wenn Zeitdruck in Zeitnot umschlägt, dann stellen sich kontraproduktive Folgen ein. Ein sichtbarer Punkt des Umschlags, wenn also Differenzierungsprozesse in Raum und Zeit nicht mehr steigerungsfähig sind, wird offenkundig, wenn körperliche Beschwerden sich einstellen – wenn beispielsweise Zappen und permanent zu laute Musik zu Kopfschmerzen, Ohrensausen und einer signifikanten Zunahme von epileptischen Anfällen führen[8].

Was folgt aus diesen Beobachtungen? Ein grundlegendes Merkmal der modernen Gesellschaft, nämlich die Ausdifferenzierung von Subsystemen mit dem Effekt ihrer Leistungssteigerung, wird durch den Einsatz von Informations- und Kommunikationstechnologien weiter verstärkt. Die technisch unterstützte gleichzeitige Überwindung und Verdichtung von Raum und Zeit geschieht nicht mehr als einfache Vorwärtsbewegung (lineare Extrapolation), sondern treibt den Differenzierungsprozess über sich hinaus. Systemtheoretisch gesprochen entstehen dabei emergente Effekte, reflexiv-modernistisch sind dies (nicht gewusste) Nebenfolgen. Beides bezeichnet genau dies: Ein Mehr an Differenzierung, Rationalisierung, Modernisierung führt nicht zu einem Mehr desselben, sondern zu einem Anderen. Dieses Andere ist eine Gesellschaft, in der informiertes Wissen den Bezugspunkt für die Prozesse der Modernisierung bildet. Beide Prozesse werden durch Informations- und Kommunikationstechnologien in Schwung gehalten. Die Frage nach *der* Dynamik des Umbaus von Wissen durch den Einsatz von Technik ist somit falsch gestellt. Es sind mehrere. Zwei davon sind differenzierende und reflexive Dynamik. Als bloße Gegenspieler sind sie nicht angemessen fassbar. Sie verlaufen simultan. Noch mehr: Sie verstärken sich wechselseitig. Differenzierung schlägt an bestimmten Punkten in eine

---

8 Hinweise dazu liefert die Freizeit-, Medien- und Drogenforschung. Bereits früh zur Computerabhängigkeit: Shotton 1989; und natürlich die klassischen Beobachtungen von Weizenbaum 1976 zur Hackerkultur; psychodynamisch: Löchel 1997.

reflexive Dynamik um, und diese muss dann wieder (differenzierend) eingeholt werden.

Die Reorganisation von *Raum und Zeit* ist dafür nur ein Beispiel. Auch entlang subsystemspezifischer Logiken lassen sich empirische „*Sättigungspunkte*" diagnostizieren, also Konstellationen, an denen Computerisierungsprozesse an Grenzen stoßen: Das Subsystem der *Ökonomie* erfährt eine Leistungssteigerung durch eine Konzentration auf Kernkompetenzen und die Ausdifferenzierung neuer Berufsbilder. Simultan findet eine Entmaterialisierung der Produktion sowie eine Entdifferenzierung von Produkten und Dienstleistungen statt, und die sich ausweitenden Anforderungen in Sachen hybriden Qualifikationen treiben die Individuen an die Grenze zur Überforderung. Auf der *kulturellen* Ebene verhelfen Informations- und Kommunikationstechnologien Menschen zur Teilnahme an globaler Kommunikation, was sowohl mit kultureller Fragmentierung wie auch mit einebnender Vermassung verbunden ist. Exponentielle, mit Spezialisierung und Disziplinbildung verbundene Wachstumsschübe in der *Wissenschaft* als dem primären System für die Produktion von Wissen schließlich stehen neben Phänomenen technisch vermittelter Enttheoretisierung und Verdatung (vgl. Degele 2000: 285-291).

Differenzierende und reflexive Modernisierung bilden somit ineinander greifende Rahmenbedingungen der Technisierung von Wissen und auch des technisch-sozialen Wandels. Sie steigern die kommunikative Reichweite im sozialen Raum. Die Verbreitung und Wirksamkeit von Informations- und Kommunikationstechnologien in den skizzierten gesellschaftlichen Subsystemen geschieht also nach folgendem Muster: Die erzielten Gewinne hinsichtlich einer rationaleren Gestaltung und Ausnutzung von Raum und Zeit verschaffen Vorteile, setzen gleichzeitig aber neue, höhere Standards und bringen damit die funktionale Leistungsspirale in Gang. Reflexive Modernisierung ist damit eine Radikalisierung der funktionalen Differenzierung, die die Standards der Formalisierung und Rationalisierung auf eine neue Stufe hebt.

10.3 Schluss: Technik, Gesellschaft und Soziologie

Wie sieht es also aus mit der Liaison von Technik, Gesellschaft und Soziologie? In jedem Fall sind die Zeiten der großen Grenzziehungen vorbei: Technik ist nicht das Andere der Gesellschaft und damit auch nicht außerhalb gesellschaftstheoretischer Entwürfe sinnvoll zu verorten. Vielleicht der größte Gewinn der techniksoziologischen Debatten der letzten Jahrzehnte liegt darin, dass sie lieb gewonnenen Dualitäten den Boden entzogen haben: „Die Tatsachen, daß die rigoroseste symbolische Technik, die mathematische Logik, auf Sprachspiele der Alltagsrede angewiesen ist und umgekehrt das belangloseste Alltagsgespräch strengen formalen und technischen Regeln folgt, demonstrieren, daß zwischen einer kulturellen Welt der Sinnstiftung und einer technischen Welt der blinden Regelbefolgung keine klare Trennungslinie mehr aufrechterhalten werden kann." (Rammert 2000: 45f.) Was also die Gegenüberstellung von Technik und Gesellschaft betrifft, zeigt der Konstruktivismus, dass Technik durch und durch sozial vermittelt ist, indem Entwicklungs- bis Verwendungskulturen Vorstellungen und Praktiken in Technik materialisieren (vgl. 2.3, 6). Umgekehrt macht der Realismus klar, dass auch soziale Beziehungen (technisch) normiert, von Sachtechnik durchsetzt sind und damit Handlungszwänge schaffen (7.3). Die Aktor-Netzwerk-Theorie schließlich zieht die Konsequenz, die Dualität von Technik und Gesellschaft völlig über Bord zu werfen und stattdessen die Herausbildung der Grenzziehung als fragwürdige moderne Errungenschaft zu rekonstruieren (Kap. 8). Statt Technik und Gesellschaft gegenüberzustellen, wird es sich als lohnender erweisen, nach Anschlüssen von Techniksoziologie an Gesellschaftstheorie und umgekehrt zu fahnden. Vielleicht hat die Techniksoziologie sogar das Zeug dazu, sich als Vermittlerin zwischen verschiedenen Theorien zu profilieren? Eine noch immer beklagte Technikvergessenheit der Soziologie könnte sich damit jedenfalls überwinden lassen.

Vorschläge für eine techniksoziologisch inspirierte Gesellschaftstheorie werden sich entsprechend daran messen lassen müssen, inwiefern sie der Materialität wie auch der Semantik von Technik gerecht werden, Akteur- und Strukturlogiken verbinden, Dynamiken technisch-sozialen Wandels phasenspezifisch diagnostizieren und weder in die Fallen eines Technik- noch eines Sozialdeterminismus tappen. Die Chancen dafür stehen nicht schlecht. Denn zum einen hat die gesellschaftliche Durchdringung mit digitalen Informations- und Kommunikationstechnologien die Auseinandersetzung mit Technik zu einer Selbstverständlichkeit in verschiedenen Disziplinen der Soziologie gemacht (z.B. Medien-, Familien-, Jugend-, Freizeit- und Geschlechtersoziologie). Zum anderen hat sich die Techniksoziologie aus den Armen einer einst übermächtigen Industriesoziologie befreit. Lange Jahre monopolisierte diese geradezu den Anspruch auf eine gesamtgesellschaftliche Deutung technisch geprägter (Industrie-)Arbeit (Kern 1997; Malsch/Mill 1992) – freilich aus der Perspektive fortschreitender Rationalisierung und mit dem Fokus auf die „harte Maschinenwelt“. Diese Befreiung geht mit einer Erweiterung techniksoziologischer Interessen einher: Sie setzt sich mit „weicher“ Technik wie Informations- und Kommunikationstechnologien auseinander, berücksichtigt den gesamten Prozess von der Technikentwicklung bis zum Konsum und bezieht damit den Alltag mit ein. Schließlich „verlängern“ vor allem SystemtheoretikerInnen Gesellschaftstheorien ebenso in die Techniksoziologie hinein (Esposito 1993; Halfmann 1996; Japp 1998), wie auch die Technikforschung umgekehrt die Gesellschafts- und Sozialtheorie informiert (Knorr-Cetina 1998; Latour 1995).

Zeichnet man vor diesem Hintergrund die verschlungenen Pfade techniksoziologischer Theoriebildung, sozialer, kultureller und politischer Auseinandersetzungen sowie gesellschaftstheoretischer Diskussionen nach, kommt Technik wieder dahin zurück, wo sie immer schon war: in die Gesellschaft.

Literatur

Abt, Dietmar (1998): Die Erklärung der Technikgenese des Elektroautomobils. Frankfurt a.M.: Peter Lang.

Akrich, Madeleine/Bruno **Latour** (1992): A Summary of a Convenient Vocabulary for the Semiotics of the Human and Nonhuman Assemblies. In: Wiebe E. Bijker/John Law (eds.), Shaping Technology/Building Society. Studies in Sociotechnical Change. Cambridge, Mass.: MIT Press, 259-264.

Albrow, Martin (1996): The Global Age. London: Sage.

Amabile, Teresa M. (1990): Within You, Without You: The Social Psychology of Creativity, and Beyond. In: Mark A. Runco/Robert S. Alber (eds.), Theories of Creativity. Thousand Oaks: Sage, 61-91.

Andel, Pek van (1992): Serendipity: „Expect also the Unexpected." In: Creativity and Innovation Management 1, 20-32.

Angerer, Marie-Luise (1997): Space Does Matter. Erste Überlegungen zu einer Neuen Technologie des Geschlechts. In: Feministische Studien 15, 34-47.

Arbib, Michael A. (1984): Computers and Cybernetic Society. Orlando/London: Academic Press.

Asdonk, Jupp/Udo **Bredeweg**/Uli **Kowol** (1994): Evolution in technikerzeugenden und technikverwendenden Sozialsystemen – dargestellt am Beispiel des Werkzeugmaschinenbaus. In: Werner Rammert/Gotthard Bechmann (Hg.), Technik und Gesellschaft. Jahrbuch 7: Konstruktion und Evolution von Technik. Frankfurt a.M.: Campus, 67-94.

Aulenbacher, Brigitte (1999): Technische Sachzwänge und rationale Entscheidungen. Die androzentrische Modernisierung industrieller Produktion. In: Martina Ritter (Hg.), Bits und Bytes vom Apfel der Erkenntnis. Frauen – Technik – Männer. Münster: Westfälisches Dampfboot, 186-202.

Bammé, Arno/Peter **Baumgartner**/Wilhelm **Berger**/Ernst **Kotzmann** (1983): Maschinen-Menschen, Mensch-Maschinen. Hamburg: Rowohlt.

Bammé, Arno/Peter **Baumgartner**/Wilhelm **Berger**/Ernst **Kotzmann** (Hg.) (1989): Technologische Zivilisation und die Transformation des Wissens. München: Profil.

Baran, Paul M./Paul M. **Sweezy** (1976): Monopolkapital. Ein Essay über die amerikanische Wirtschafts- und Gesellschaftsordnung. Frankfurt a.M.: Suhrkamp.

Basalla, George (1989): The Evolution of Technology. Cambridge: Cambridge UP.

Bayerisches Staatministerium für Unterricht, Kultus, Wissenschaft und Kunst (1995): Wissenschaftliche Information im elektronischen Zeitalter. Bericht der Sachverständigen Kommission Elektronische Fachinformation (EFI) an den Hochschulen in Bayern. In: http://www11.informatik.tu-muenchen.de/EFI.

Bechmann, Gotthard (1987): Sozialwissenschaftliche Forschung und Technikfolgenabschätzung. In: Klaus Lompe (Hg.), Techniktheorie – Technikforschung – Technikgestaltung. Opladen: WDV, 28-58

Bechmann, Gotthard (Hg.) (1993): Risiko und Gesellschaft. Grundlagen und Ergebnisse interdisziplinärer Risikoforschung. Opladen: WDV.

Bechmann, Gotthard/Fritz **Gloede**/Herbert **Paschen** (1988): Frühwarnung vor technikbedingten Gefahren? In: Walter Bungard/Hans Lenk (Hg.), Technikbewertung. Philosophische und psychologische Perspektiven. Frankfurt a.M.: Suhrkamp, 283-307.

Bechmann, Gotthard (1992): Großtechnische Systeme, Risiko und gesellschaftliche Entwicklung. In: Gotthard Bechmann/Werner Rammert (Hg.), Technik und Gesellschaft. Jahrbuch 6: Großtechnische Systeme und Risiko. Frankfurt a.M.: Campus, S. 7-13.

Beck, E.M./Patrick M. **Horan**/Charles M. **Tolbert** (1978): Stratification in a Dual Economy: A Sectoral Model of Earnings Determination. In: American Sociological Review 43, 704-320.

Beck, Ulrich (1986): Risikogesellschaft. Auf dem Weg in eine andere Moderne. Frankfurt a.M.: Suhrkamp.

Beck, Ulrich (1993): Die Erfindung des Politischen. Zu einer Theorie reflexiver Modernisierung. Frankfurt a.M.: Suhrkamp.

Beck, Ulrich (1996): Wissen oder Nicht-Wissen? Zwei Perspektiven „reflexiver Modernisierung." In: Ulrich Beck/Anthony Giddens/Scott Lash (Hg.), Reflexive Modernisierung. Eine Kontroverse. Frankfurt a.M.: Suhrkamp, 289-315.

Beck, Ulrich/Anthony **Giddens**/Scott **Lash** (1996): Reflexive Modernisierung. Eine Kontroverse. Frankfurt a.M.: Suhrkamp.

Beck, Ulrich/Boris **Holzer**/André **Kieserling** (2001): Nebenfolgen als Problem soziologischer Theoriebildung. In: Ulrich Beck/Wolfgang Bonß (Hg.), Die Modernisierung der Moderne. Frankfurt a.M.: Suhrkamp, 63-81.

Beck, Ulrich/Wolfgang **Bonß**/Christoph **Lau** (2001): Theorie reflexiver Modernisierung – Fragestellungen, Hypothesen, Forschungsprogramme. In: Ulrich Beck/Wolfgang Bonß (Hg.), Die Modernisierung der Moderne. Frankfurt a.M.: Suhrkamp, 11-59.

Beck-Gernsheim, Elisabeth/Ilona **Ostner** (1978): Frauen verändern – Beruf nicht? Ein theoretischer Ansatz zum Problem von Frau und Beruf. In: Soziale Welt 3, 257-287.

Bell, Daniel (1975): Die nachindustrielle Gesellschaft. Frankfurt a.M./New York: Campus.

Bell, Daniel (1994): Technology and Society in a Post-industrial Age. In: Hans-Ulrich Derlien u.a. (Hg.), Systemrationalität und Partialinteresse. Baden-Baden: Nomos, 491-511.

Belt, Henk van den /Arie **Rip** (1987): The Nelson-Winter-Dosi-Model and Synthetic Dye Chemistry. In: Wiebe E. Bijker/Thomas P. Hughes/Trevor J. Pinch (eds.), The Social Construction of Technological Systems. New Directions in the Sociology and History of Technology. Cambridge, Mass.: MIT Press, 135-158.

Berg, Ann-Jorunn (1994): Gender, Technology, and Everyday Life – A Seamless Web or Worlds Apart? Paper presented at the 1994 Annual Meeting of the SSSS, New Orleans, Louisiana.

Berg, Ann-Jorunn/Merete **Lie** (1995): Feminism and Constructivism: Do Artifacts have Gender? In: Science, Technology & Human Values 20, 332-351.

Berg, Ingrid (1999): Parlamentarische TA in Europa: European Parliamentary Technology Assessment Network. In: Thomas Petermann/Reinhard Coenen (Hg.), Technikfolgenabschätzung in Deutschland – Bilanz und Perspektiven. Frankfurt a.M.: Campus, 229-246.

Berger, Johannes (1996): Was behauptet die Modernisierungstheorie wirklich – und was wird ihr bloß unterstellt? In: Leviathan 26/1, 45-62.

Biervert, Bernd/Kurt **Monse** (1988): Technik und Alltag als Interferenzproblem. Annäherungen an ein schwieriges Thema. In: Bernward Joerges (Hg.), Technik im Alltag. Frankfurt a.M.: Suhrkamp, 95-120.

Bijker, Wiebe (1993): Do not Despair: There is a Life After Constructivism. In: Science, Technology and Human Values 18, 113-138.

Bijker, Wiebe E. (1995): Sociohistorical Technology Studies. In: Sheila Jasanoff u.a. (Hg.), Handbook of Science and Technology Studies. London: Sage, 229-256.

Bijker, Wiebe E./John **Law** (1992): General Introduction. In: Wiebe E. Bijker/John Law (eds.), Shaping Technology, Building Society. Studies in Sociotechnical Change. Cambridge, Mass.: MIT Press, 1-14.

Bijker, Wiebe E./Karin **Bijsterveld** (2000): Women Walking Through Plans: Technology, Democracy, and Gender Identity. In: Technology and Culture 41, 485-515.

Bijker, Wiebe E./Thomas P. **Hughes**/Trevor J. **Pinch** (Hg.) (1987): The Social Construction of Technological Systems. New Directions in the Sociology and History of Technology. Cambridge, Mass.: MIT Press.

Bimber, Bruce (1994): Three Faces of Technological Determinism. In: Merrit Roe Smith/Leo Marx (eds.), Does Technology Drive History? The Dilemma of Technological Determinism. Cambridge, Mass.: MIT Press, 79-100.

Binswanger, Mathias (1992): Information und Entropie. Ökologische Perspektiven des Übergangs zu einer Informationswirtschaft. Frankfurt a.M.: Campus.

Biondi, Leonardo/Riccardo **Galli** (1992): Technological Trajectories. In: Futures 24, 580-592.

Bloor, David (1976): Knowledge and Social Imagery. Chicago/London: Routledge.

Böhle, Fritz (1992): Grenzen und Widersprüche der Verwissenschaftlichung von Produktionsprozessen. In: Thomas Malsch/Ulrich Mill (Hg.), ArBYTE. Modernisierung der Industriesoziologie? Berlin: Sigma, 87-132.

Böhme, Gernot (1997): The Structures and Prospects of Knowledge Society. In: Social Science Information 36, 447-468.

Bora, Alfons/Rainer **Döbert** (1994): Konflikt und Konsens im Technikfolgendiskurs. Ein praktisches Experiment. In: Johannes Weyer (Hg.), Theorien und Praktiken der Technikfolgenabschätzung. München: Profil, 69-104.

Braun, Ingo (1993): Technik-Spiralen. Vergleichende Studien zu Technik im Alltag. Berlin: edition sigma.

Braun, Ingo (1994): Geflügelte Saurier. Zur intersystemischen Vernetzung großer technischer Systeme. In: Bernward Joerges/Ingo Braun (Hg.), Technik ohne Grenzen. Frankfurt a.M.: Suhrkamp, 446-501.

Braverman, Harry (1977): Die Arbeit im modernen Produktionsprozeß. Frankfurt a.M.: Campus.

Bühl, Achim (1996): CyberSociety: Mythos und Realität der Informationsgesellschaft. Köln: PapyRossa.

Bühl, Walter L. (1974): Einführung in die Wissenschaftssoziologie. München: Beck.

Bühl, Walter L. (1983): Die „postindustrielle Gesellschaft“: Eine verfrühte Utopie? In: Kölner Zeitschrift für Soziologie und Sozialpsychologie 35, 771-780.

Bühl, Walter L. (1984): Die Ordnung des Wissens. Berlin: Dunkker & Humblot.

Bühl, Walter L. (1995): Wissenschaft und Technologie. An der Schwelle zur Informationsgesellschaft. Göttingen: Schwartz.

Buhr, Regina/Boris **Buchholz** (1999): Mit QWERTY ins 21. Jahrhundert? Die Tastatur im Spannungsfeld zwischen Technikherstellung, Anwendung und Geschlechterverhältnis. In: Martina Ritter (Hg.), Bits und Bytes vom Apfel der Erkenntnis. Frauen – Technik – Männer. Münster: Westfälisches Dampfboot, 172-185.

Bullinger, Hans-Jörg (1991): Technikpotentialabschätzung – Wissenschaftlicher Anspruch und Wirklichkeit. In: Klaus Kornwachs (Hg.), Reichweite und Potential der Technikfolgenabschätzung. Stuttgart: Poeschel, 103-114.

Callon, Michel (1983): Die Kreation einer Technik. Der Kampf um das Elektroauto. In: Werner Rammert u.a. (Hg.), Technik und Gesellschaft. Jahrbuch 2. Frankfurt a.M.: Campus, 140-160.

Callon, Michel/Bruno **Latour** (1981): Unscrewing the Big Leviathan: How Actors Macro-structure Reality and How Sociologists Help Them to Do So. In: Karin Knorr-Cetina/Aaron V. Cicourel (eds.), Advances in Social Theory and Methodology. Toward an Integration of Micro and Macro Sociologies. Boston: Routledge, 277-303.

Callon, Michel/Bruno **Latour** (1992): Don't Throw the Baby out with the Bath School! A Reply to Collins and Yearley. In: Andrew Pickering (ed.), Science as Practice and Culture. Chicago: UCP, 343-368.

Callon, Michel/John **Law** (1989): On the Construction of Sociotechnical Networks: Content and Context Revisited. In: Knowledge and Society: Studies in the Sociology of Science Past and Present 8, 57-83.

Capurro, Rafael (1995): Leben im Informationszeitalter. Berlin: Akademie-Verlag.

Carlisle, Y.M./D.J. **Manning** (1999): Ideological Persuasion and Technological Determinism. In: Technology in Society 21, 81-102.

Casper, Monica/Adele **Clarke** (1998): Making the Pap Smear into the „Right Tool" for the Job: Cervial Cancer Screening in the

USA, circa 1940-1995. In: Social Studies of Science 28, 255-290.

Catenhusen, Wolf-Michael (1994): Technikfolgenabschätzung beim Deutschen Bundestag – Erfahrungen und Perspektiven. In: Werner und Else Fricke (Hg.), Jahrbuch Arbeit und Technik 1994: Zukunftstechnologien und gesellschaftliche Verantwortung. Bonn: Dietz, 283-294.

Chafetz, Janet Saltzman (1988): Feminist Sociology: An Overview of Contemporary Theories. Itasca, IL: F.E. Peacock.

Chandler, Alfred D. jr. (1977): The Visible Hand: The Managerial Revolution in American Business. Cambridge: Belknap.

Clarke, Adele/Joan **Fujimura** (eds.) (1992): The Right Tools for the Job: At Work in Twentieth-Century Life Sciences. Princeton, NJ: Princeton UP.

Coates, Joseph F. (1999): Technikfolgenabschätzung in den USA – Vergangenheit und Perspektiven für die Zukunft. In: Thomas Petermann/Reinhard Coenen (Hg.), Technikfolgenabschätzung in Deutschland – Bilanz und Perspektiven. Frankfurt a.M.: Campus, 53-64.

Cockburn, Cynthia (1983): Brothers: Male Dominance and Technological Change. London: Pluto Press.

Cockburn, Cynthia (1985): Machinery of Dominance: Women, Men and Technical Know-how. London: Pluto Press.

Cockburn, Cynthia (1986): The Relations of Technology. What Implications for Theories of Sex and Class? In: Rosemary Crompton/Michael Mann (eds.), Gender and Stratification. Cambridge: Polity Press, 74-86.

Cockburn, Cynthia (1992): The Circuit of Technology. Gender, Identity and Power. In: Roger Silverstone/Eric Hirsch (eds.), Consuming Technologies: Media and Information in Domestic Spaces. London: Routledge, 32-47.

Cockburn, Cynthia/Susan **Ormrod** (1993): Gender and Technology in the Making. London: Newbury Park.

Coenen, Reinhard/Beate **Fürniß**/ Christel **Kupsch** (1999): Technikfolgenabschätzung in Deutschland: eine Bestandsaufnahme in Zahlen. In: Thomas Petermann/Reinhard Coenen (Hg.),

Technikfolgenabschätzung in Deutschland – Bilanz und Perspektiven. Frankfurt a.M.: Campus, 219-228.

Collingridge, David (1980): The Social Control of Technology. New York: St. Martin's Press.

Collins, Harry M./Steven **Yearley** (1992): Epistemological Chicken. In: Andrew Pickering (ed.), Science as Practice and Culture. Chicago: UCP, 301-325.

Collmer, Sabine (1997): Frauen und Männer am Computer. Aspekte geschlechtsspezifischer Technikaneignung. Wiesbaden: DUV.

Conrad, Jobst (1994): AKW revisited – 50 Jahre danach. Substantielle und prozedurale Effekte von Technikfolgenabschätzung. In: Johannes Weyer (Hg.), Theorien und Praktiken der Technikfolgenabschätzung. München: Profil, 35-50.

Coutard, Olivier (ed.) (1999): The Governance of Large Technical Systems. London/New York: Routledge.

Degele, Nina (1994): Der überforderte Computer. Zur Soziologie menschlicher und künstlicher Intelligenz. Frankfurt a.M.: Campus.

Degele, Nina (1996): Die Entwicklung und Nutzung von Software. Zur Genese informationstechnischen Handelns. In: Zeitschrift für Soziologie 25, 58-70.

Degele, Nina (1997a): Zur Steuerung komplexer Systeme – eine soziokybernetische Reflexion. In: Soziale Systeme 3, 81-99.

Degele, Nina (1997b): Kreativität rekursiv. Von der technischen Kreativität zur kreativen Aneignung von Technik. In: Gotthard Bechmann/Werner Rammert (Hg.), Technik und Gesellschaft. Jahrbuch 9: Innovation – Prozesse, Produkte, Politik. Frankfurt a.M.: Campus, 55-63.

Degele, Nina (2000): Informiertes Wissen. Eine Wissenssoziologie der computerisierten Gesellschaft. Frankfurt a.M.: Campus.

Deutschmann, Christoph (1998): Technikkonstruktivismus und Kritik der politischen Ökonomie. In: Hartmut Hirsch-Kreinsen/Harald Wolf (Hg.), Arbeit, Gesellschaft, Kritik: Orientierungen wider den Zeitgeist. Berlin: edition sigma, 81-99.

Dierkes, Meinolf/Katrin **Hähner** (1999): Konzeptentwicklung von Technikfolgenabschätzung: Rückblick und Ausblick. In: Thomas Petermann/Reinhard Coenen (Hg.), Technikfolgenabschätzung in Deutschland – Bilanz und Perspektiven. Frankfurt a.M.: Campus, 97-113.

Dierkes, Meinolf/Lutz **Marz** (1991): Technikakzeptanz, Technikfolgen und Technikgenese. Zur Weiterentwicklung konzeptioneller Grundlagen der sozialwissenschaftlichen Technikforschung. In: Dieter Jaufmann/Ernst Kistler (Hg.), Einstellungen zum technischen Fortschritt: Technikakzeptanz im nationalen und internationalen Vergleich. Frankfurt a.M.: Campus, 157-187.

Dierkes, Meinolf/Ute **Hoffmann**/Lutz **Marz** (1992): Leitbild und Technik. Zur Entstehung und Steuerung technischer Innovationen. Berlin: edition sigma.

Doheny-Farina, Stephen (1992): Rhetoric, Innovation, Technology. Case Studies of Technical Communication in Technology Transfers. Cambridge, Mass.: MIT Press.

Dordick, Herbert S./Georgette **Wang** (1993): The Information Society. A Retrospective View. Newbury: Sage.

Dosi, Giovanni (1982) Technological Paradigms and Technological Trajectories. A Suggested Interpretation of the Determinants and Directions of Technical Change. In: Research Policy 11, 147-162.

Drucker, Peter F. (1969): The Age of Discontinuity. Guidelines for our Changing Society. London/Middlesex: Penguin.

Drucker, Peter F. (1993): Die postkapitalistische Gesellschaft. Düsseldorf/Wien: Econ.

Durkheim, Emile (1984): Die Regeln der soziologischen Methode. Frankfurt a.M.: Campus.

Eijndhoven, Josée van (1999): Technikfolgenabschätzung in Europa – Konzepte und Zukunftsperspektiven. In: Thomas Petermann/Reinhard Coenen (Hg.), Technikfolgenabschätzung in Deutschland – Bilanz und Perspektiven. Frankfurt a.M.: Campus, 65-76.

Ekardt, Hanns-Peter (1994): Unter-Gestell. Die bautechnischen Fundamente großer technischer Systeme. In: Bernward Joerges/Ingo Braun (Hg.), Technik ohne Grenzen. Frankfurt a.M.: Suhrkamp, 166-211.

Elias, Norbert (1988): Über die Zeit. Frankfurt a.M.: Suhrkamp.

Ellul, Jacques (1964): The Technological Society. New York: Alfred Knopf.

Encarnacao, José/Christoph **Hornung**/Stefan **Noll** (1994): Computer Supported Cooperative Work (CSCW): Stand und Perspektiven. In: it+ti - Informationstechnik und technische Informatik 36, 96-104.

Engler, Steffani (1993): Frauenforschung und Technik. In: Zeitschrift für Frauenforschung 11, 59-70.

Esposito, Elena (1993): Der Computer als Medium und Maschine. In: Zeitschrift für Soziologie 22, 338-354.

Essers, Juup/Jos **Schreinemakers** (1997): Nonaka's Subjectivist Conception of Knowledge in Corporate Knowledge Management. In: Knowledge Organization 24, 24-328.

Etzioni, Amitai (1968): The Active Society. A Theory of Societal and Political Processes. New York: Free Press.

Etzioni, Amitai (1969): Elemente einer Makrosoziologie. In: Wolfgang Zapf (Hg.), Theorien des sozialen Wandels. Köln/Berlin: Kiepenheuer & Witsch, 147-176.

Etzioni, Amitai/Richard **Remp** (1972): Technological „Shortcuts" to Social Change. In: Science 175, 31-38.

Faßler, Manfred (1993): Zivilisierung eines unbegrenzten Raumes? Ordnung und Ironie informationeller Öffentlichkeiten. In: Karlheinz Steinmüller (Hg.), Wirklichkeitsmaschinen. Cyberspace und die Folgen. Weinheim: Beltz, 103-127.

Faßler, Manfred (1997): Informations- und Mediengesellschaft. In: Georg Kneer/Armin Nassehi/Markus Schroer (Hg.), Soziologische Gesellschaftsbegriffe. München: Fink (UTB), 332-360.

Faulkner, Wendy (2000): The Power *and* the Pleasure? A Research Agenda for „Making Gender Stick" to Engineers. In: Science, Technology & Human Values 25, 87-119.

Faulkner, Wendy/Eric **Arnold** (eds.) (1985): Smothered by Invention: Technology in Women's Lives. London: Pluto Press.

Faulstich-Wieland, Hannelore (1990): Technikdistanz von Mädchen? In: Die Deutsche Schule. Beiheft 1, 110-125.

Felix Stalder (2000) Beyond Constructivism: Towards a realistic Realism. In: http://www.slis.indiana.edu/TIS.

Felt, Ulrike/Helga **Nowotny**/Klaus **Taschwer** (1995): Einführung in die Wissenschaftsforschung. Frankfurt a.M.: Campus.

Fischer, Peter (Hg.) (1996): Technikphilosophie von der Antike bis zur Gegenwart. Leipzig: Reclam.

Fleischmann, Gerd (1998): Stabilität und Wandel von Technologien: Paradigma, Leitbild, Standard. In: Josef Esser/Gerd Fleischmann/Thomas Heimer (Hg.), Soziale Schließung im Prozeß der Technologieentwicklung. Leitbild, Paradigma, Standard. Frankfurt a.M.: Campus, 10-35.

Flichy, Patrice (1994): Tele. Geschichte der modernen Kommunikation. Frankfurt a.M.: Campus.

Florida, Richard/Martin **Kenney** (1993): The New Age of Capitalism. Innovation-mediated Production. In: Futures 25, 637-651.

Forester, Tom (1990): Megatrends or Megamistakes? What ever Happened to the Information Society? In: Journal of Computing and Society 1, 133-146.

Fox, Mary Frank (1998): Women in Science and Engineering: Theory, Practice, and Policy in Programs. In: Signs 24, 201-223.

Franklin, Sarah (1997): Embodied Progress: A Cultural Account of Assisted Conception. London: Routledge.

Freeman, Chris (1993): Technical Change and Future Trends in the World Economy. In: Futures 25, 621-635.

Freyer, Hans (1960): Über das Dominantwerden technischer Kategorien in der Lebenswelt der industriellen Gesellschaft. Mainz: Verlag der Akademie der Wissenschaften und der Literatur.

Galli, Riccardo (1992): Structural and Institutional Adjustments and the New Technological Cycle. In: Futures 24, 775-788.

Gattermann, Günter (1996): Die Information in der Bibliothek der Gegenwart. In: Dirk Matejowski/Friedrich Kittler (Hg.), Literatur im Informationszeitalter. Frankfurt a.M.: Campus, 102-111.

Gehlen, Arnold (1957): Die Seele im technischen Zeitalter. Sozialpsychologische Probleme der industriellen Gesellschaft. In: Anthropologische und sozialpsychologische Untersuchungen. Reinbek: Rowohlt, 147-266.

Gehlen, Arnold (1986): Anthropologische und sozialpsychologische Untersuchungen. Reinbek: Rowohlt.

Geideck, Susan/Martina **Hammel** (1997): Wohin blickt der Januskopf der Telearbeit? In: Feministische Studien 15, 48-64.

Giedion, Siegfried (1982): Die Herrschaft der Mechanisierung. Ein Beitrag zur anonymen Geschichte. Hamburg: EVA (orig. 1948: Mechanization Takes Command. Oxford: Oxford UP).

Gilfillan, S. Column (1952): Social Implications of Technical Advance. In: Current Sociology 1, 191-207.

Gill, Rosalind/Keith **Grint** (1995): The Gender-Technology Relation: Contemporary Theory and Research. In: Keith Grint /Rosalind Gill (eds.), The Gender-Technology Relation. London: Taylor & Francis, 3-30.

Gingras, Yves (1995): Following Scientists Through Society? Yes, But at Arm's Lenght! In: Jed Z. Buchwald (Hg.), Science Practice. Theories and Stories of Doing Physics. Chicago/London: UCP.

Glatzer, Wolfgang (1998): Von der „Innovation der Produkte" zur „Modernisierung der Lebensstile". Kommentar zum Vortrag von Leslie Haddon. In: Josef Esser/Gerd Fleischmann/Thomas Heimer (Hg.), Soziale Schließung im Prozeß der Technologieentwicklung. Leitbild, Paradigma, Standard. Frankfurt a.M.: Campus, 71-78.

Goyder, John (1997): Technology + Society. A Canadian Perspective. Ontario, Canada: Broadview Press.

Gray, Ann (1992): Video Playtime: The Gendering of a Leisure Technology. London: Routledge.

Grint, Keith/Steve **Woolgar** (1992): Computers, Guns and Roses: What's Social about Being Shot? In: Science, Technology & Human Values 17, 366-380.

Grundmann, Reiner (1994a): Gibt es eine Evolution von Technik? Überlegungen zum Automobil und zur Evolutionstheorie. In: Werner Rammert/Gotthard Bechmann (Hg.), Technik und Gesellschaft. Jahrbuch 7: Konstruktion und Evolution von Technik. Frankfurt a.M.: Campus, 13-40.

Grundmann, Reiner (1994b): Über Schienen, Straßen, Sand und Perlen. Große technische Systeme in der Theorie sozialer Systeme. In: Bernward Joerges/Ingo Braun (Hg.), Technik ohne Grenzen. Frankfurt a.M.: Suhrkamp, 501-545.

Habermas, Jürgen (1968): Technik und Wissenschaft als »Ideologie«. In: Ders., Technik und Wissenschaft als »Ideologie«. Frankfurt a.M.: Suhrkamp, 48-103.

Habermas, Jürgen (1981): Theorie des kommunikativen Handelns. 2 Bände. Frankfurt a.M.: Suhrkamp.

Habermas, Jürgen (1985): Der philosophische Diskurs der Moderne. 12 Vorlesungen. Frankfurt a.M.: Suhrkamp.

Halfmann, Jost (1995): Kausale Simplifikation: Grundlagenprobleme der Techniksoziologie. In: Jost Halfmann/Gotthard Bechmann/Werner Rammert (Hg.), Technik und Gesellschaft. Jahrbuch 8: Theoriebausteine der Techniksoziologie. Frankfurt a.M.: Campus, 211-226.

Halfmann, Jost (1996): Die gesellschaftliche „Natur" der Technik. Eine Einführung in die soziologische Theorie der Technik. Opladen: Leske + Budrich.

Halfmann, Jost (2001): Technikgesellschaft. In: Georg Kneer/Armin Nassehi/Markus Schroer (Hg.), Klassische Gesellschaftsbegriffe. München: Wilhelm Fink (UTB), 333-354.

Halfmann, Jost u.a. (Hg.) (1995): Theoriebausteine der Techniksoziologie. Frankfurt a.M.: Campus.

Halfmann, Jost/Klaus P. **Japp** (Hg.) (1990): Riskante Entscheidungen und Katastrophenpotentiale. Elemente einer soziologischen Risikoforschung. Opladen: WDV.

Hammel, Martina (1999): Zu Feminismus und Softwareentwicklung – Theorie und Praxis. In: Martina Ritter (Hg.), Bits und Bytes vom Apfel der Erkenntnis. Frauen – Technik – Männer. Münster: Westfälisches Dampfboot, 105-120.

Hammer, Carmen/Immanuel **Stieß** (1995): Einleitung. In: Donna Haraway, Die Neuerfindung der Natur. Primaten, Cyborgs und Frauen. Frankfurt a.M./New York: Campus, 9-31.

Haraway, Donna (1988): Situated Knowledges: The Science Question in Feminism and the Privilege of Partial Perspective. In: Feminist Studies 14, 575- 599.

Haraway, Donna (1995a): Die Neuerfindung der Natur. Primaten, Cyborgs und Frauen. Frankfurt a.M./New York: Campus (engl. 1991).

Haraway, Donna (1995b): Ein Manifest für Cyborgs. Feminismus im Streit mit den Technowissenschaften. In: Die Neuerfindung der Natur. Primaten, Cyborgs und Frauen. Frankfurt a.M./New York: Campus, 33-72 (orig. 1984).

Harrington, David M. (1990): The Ecology of Human Creativity: A Psychological Perspective. In: Mark A. Runco/Robert S. Alber (Hg.), Theories of Creativity. Thousand Oaks: Sage, 143-169.

Hartsock, Nancy C.M. (1987): The Feminist Standpoint. Developing the Ground for a Specifically Feminist Historical Materialism. In: Sandra Harding (ed.), Feminism and Methodology: Social Science Issues. Bloomington: Indiana UP, 157-180.

Heilbroner, Robert L. (1994): Do Machines Make History? In: Merrit Roe Smith/Leo Marx (eds.), Does Technology Drive History? The Dilemma of Technological Determinism. Cambridge, Mass.: MIT Press, 53-65.

Heimer, Thomas (1998): Commentary to the Paper „Are there Lock-ins to Inferior Technologies?“ presentated by Stan Liebowitz. In: Josef Esser/Gerd Fleischmann/Thomas Heimer (Hg.), Soziale Schließung im Prozeß der Technologieentwicklung. Leitbild, Paradigma, Standard. Frankfurt a.M.: Campus, 148-156.

Heintz, Bettina (1993): Die Herrschaft der Regel. Zur Grundlagengeschichte des Computers. Frankfurt a.M.: Campus.

Heintz, Bettina/Eva **Nadai**/Regula **Fischer**/Hannes **Ummel** (1997): Ungleich unter Gleichen. Studien zur geschlechtsspezifischen Segregation des Arbeitsmarktes. Frankfurt a.M.: Campus.

Hennen, Leonhard (1992): Technisierung des Alltags. Ein handlungstheoretischer Beitrag zur Theorie technischer Vergesellschaftung. Opladen: WDV.

Henwood, Flis (2000) From the Woman Question in Technology to the Technology Question in Feminism. In: The European Journal of Women's Studies 7, 209-227

Herring, Susan (1997): Geschlechtsspezifische Unterschiede in computergestützter Kommunikation. In: Feministische Studien 15, 65-76.

Hochgerner, Josef (1986): Arbeit und Technik. Einführung in die Techniksoziologie. Stuttgart: Kohlhammer.

Hoffmann, Ute/Lutz **Marz** (1992): Leitbildperspektiven. Technische Innovationen zwischen Vorstellung und Verwirklichung. In: Klaus Burmeister/Karlheinz Steinmüller (Hg.), Streifzüge ins Übermorgen. Science Fiction und Zukunftsforschung. Weinheim: Beltz, 195-222.

Hörning, Karl H. (1988): Technik im Alltag und die Widersprüchlichkeit des Alltäglichen. In: Bernward Joerges (Hg.), Technik im Alltag. Frankfurt a.M.: Suhrkamp, 51-94.

Hörning, Karl H. (1989): Vom Umgang mit den Dingen. Eine techniksoziologische Zuspitzung. In: Peter Weingart (Hg.), Technik als sozialer Prozeß. Frankfurt a.M.: Suhrkamp, 90-127.

Hörning, Karl H. (1995): Technik und Kultur. Ein verwickeltes Spiel der Praxis. In: Jost Halfmann/Gotthard Bechmann/Werner Rammert (Hg.), Technik und Gesellschaft. Jahrbuch 8: Theoriebausteine der Techniksoziologie. Frankfurt a.M.: Campus, 131-151.

Hörning, Karl H./Daniela **Ahrens**/Anette **Gerhard** (1996): Vom Wellenreiter zum Spieler. Neue Konturen im Wechselspiel von Technik und Zeit. In: Soziale Welt 47, 9-23.

Hörning, Karl H./Daniela **Ahrens**/Anette **Gerhard** (1997): Zeitpraktiken. Experimentierfelder der Spätmoderne. Frankfurt a.M.: Suhrkamp.

Hughes, Thomas P. (1979): The Electrification of America: The System-Builders. In: Technology and Culture 20, 125-139.

Hughes, Thomas P. (1983): Networks of Power. Electrification in Western Society; 1880-1930. Baltimore, Md.: John Hopkins UP.

Hughes, Thomas P. (1987): The Evolution of Large Technological Systems. In: Wiebe E. Bijker/Thomas P. Hughes/Trevor J. Pinch (eds.), The Social Construction of Technological Systems. New Directions in the Sociology and History of Technology. Cambridge, Mass.: MIT Press, 51-82.

Jackson, Stevi (1998): Theorizing Gender and Sexuality. In: Stevi Jackson/Jackie Jones (eds.), Contemporary Feminist Theories. Edinburg: Edinburg UP, 131-146.

Janshen, Doris (Hg.) (1990): Hat die Technik ein Geschlecht? Denkschrift für eine andere technische Zivilisation. Berlin: Orlando Frauenverlag.

Japp, Klaus Peter (1992): Mehr Sicherheit durch Technik? In: Gotthard Bechmann/Werner Rammert (Hg.), Technik und Gesellschaft. Jahrbuch 6: Großtechnische Systeme und Risiko. Frankfurt a.M.: Campus, 175-191.

Japp, Klaus, P. (1998): Die Technik der Gesellschaft? Ein systemtheoretischer Beitrag. In: Werner Rammert (Hg.), Technik und Sozialtheorie. Frankfurt a.M.: Campus, 225-244.

Joerges, Bernward (1979): Überlegungen zu einer Soziologie der Sachverhältnisse. In: Leviathan 7, 125-137.

Joerges, Bernward (Hg.) (1988a): Technik im Alltag. Frankfurt a.M.: Suhrkamp.

Joerges, Bernward (1988b): Gerätetechnik und Alltagshandeln. Vorschläge zur Analyse der Technisierung alltäglicher Handlungsstrukturen. In: Ders. (Hg.), Technik im Alltag. Frankfurt a.M.: Suhrkamp, 20-50.

Joerges, Bernward (1988c): Technische Normen – soziale Normen? In: Soziale Welt 39, 242-258.

Joerges, Bernward (1989a): Soziologie und Maschinerie – Vorschläge zu einer „realistischen" Techniksoziologie. In: Peter Weingart (Hg.), Technik als sozialer Prozeß. Frankfurt a.M.: Suhrkamp, 44-89.

Joerges, Bernward (1989b): Computer als Schmetterling und Fledermaus. Über Technikbilder von Techniksoziologen. In: Soziale Welt 40, 188-204.

Joerges, Bernward (1992): Große technische Systeme. Zum Problem technischer Größenordnung und Maßstäblichkeit. In: Gotthard Bechmann/Werner Rammert (Hg.), Technik und Gesellschaft. Jahrbuch 6: Großtechnische Systeme und Risiko. Frankfurt a.M.: Campus, 41-72.

Joerges, Bernward (1999): Die Brücken des Robert Moses: Stille Post in der Stadt- und Techniksoziologie. In: Leviathan 27, 43-63 und Nachtrag 1-6.

Joerges, Bernward (2001): Technik – das Andere der Gesellschaft? In: Günter Ropohl (Hg.), Erträge der interdisziplinären Technikforschung. Eine Bilanz nach 20 Jahren. Berlin: Erich Schmidt Verlag, 165-180.

Joerges, Bernward/Gotthard **Bechmann**/Rainer **Hohlfeld** (1985): Technologieentwicklung zwischen Eigendynamik und öffentlichem Diskurs. Kernenergie, Mikroelektronik und Gentechnologie in vergleichender Perspektive. In: Burkhard Lutz (Hg.), Soziologie und gesellschaftliche Entwicklung: Verhandlungen des 22. Deutschen Soziologentages in Dortmund 1984. Frankfurt a.M.: Campus, 355-374.

Joerges, Bernward/Ingo **Braun** (Hg.) (1994a): Technik ohne Grenzen. Frankfurt a.M.: Suhrkamp.

Joerges, Bernward/Ingo **Braun** (1994b): Große technische Systeme – erzählt, gedeutet, modelliert. In: Bernward Joerges/Ingo Braun (Hg.), Technik ohne Grenzen. Frankfurt a.M.: Suhrkamp, 7-49.

Jokisch, Rodrigo (Hg.) (1982): Techniksoziologie. Frankfurt a.M.: Suhrkamp.

Kember, Sarah (2000): Regarding the Biology of Machines. Gendered Cultural Studies of the Internet. In: European Journal of Cultural Studies 3, 103-115.

Kemp, René/Luc **Soete** (1992): The Greening of Technological Progress. An Evolutionary Perspective. In: Futures 24, 437-457.

Kendall, Lori (1998): „Are You Male or Female?“ Gender Performances on Muds. In: Jodi O'Brien (ed.), Everyday Inequalities. Critical Enquiries. Malden, Mass.: Blackwell, 131-153.

Kern, Horst (1997): Industriesoziologie weit gedacht. In: Daniel Bieber (Hg.), Industrielle Produktionstechnik zwischen Eigendynamik und Nutzerinteressen. Frankfurt a.M.: Campus, 29-43.

Kern, Horst (1997): Industriesoziologie weit gedacht. In: Daniel Bieber (Hg.), Industrielle Produktionstechnik zwischen Eigendynamik und Nutzerinteressen. Frankfurt a.M.: Campus, 29-43.

Kern, Horst/Michael **Schumann** (1973): Industriearbeit und Arbeiterbewußtsein. Eine empirische Untersuchung über den Einfluß der aktuellen technischen Entwicklung auf die industrielle Arbeit und das Arbeiterbewußtsein. Frankfurt a.M.: Suhrkamp.

Kern, Horst/Michael **Schumann** (1984): Das Ende der Arbeitsteilung? Rationalisierung in der industriellen Produktion: Bestandsaufnahme, Trendbestimmung. München: Beck.

Klein, Uta (1995): Das Geschlechterverhältnis und die Soziologie. In: Armin Nassehi u.a. (Hg.), Zugänge zur Gesellschaft. Band 2: Spezielle Soziologien. Münster: LIT, 191-223.

Knapp, Gudrun-Axeli (1993): Segregation in Bewegung: Einige Überlegungen zum „Gendering“ von Arbeit und Arbeitsvermögen. In: Karin Hausen/Gertraude Krell (Hg.), Frauenerwerbsarbeit. Forschungen zu Geschichte und Gegenwart. München: Hampp, 25-46.

Knie, Andreas (1991): Diesel – Karriere einer Technik. Genese und Formierungsprozesse im Motorenbau, Berlin: edition sigma.

Knie, Andreas (1998): Die Macht der Gewohnheit: „Schließen", „Leitbilder" und „Institutionen" als Kategorien einer sozialwissenschaftlichen Technikforschung. In: Josef Esser/Gerd Fleischmann/Thomas Heimer (Hg.), Soziale Schließung im Prozeß der Technologieentwicklung. Leitbild, Paradigma, Standard. Frankfurt a.M.: Campus, 36-50.

Knie, Andreas/Mikael **Hard** (1993): Die Dinge gegen den Strich bürsten. De-Konstruktionsübungen am Automobil. In: Technikgeschichte 60, 224-242.

Knorr Cetina, Karin (1984): Die Fabrikation von Erkenntnis. Zur Anthropologie der Wissenschaft. Frankfurt a.M.: Suhrkamp.

Knorr Cetina, Karin (1988): Das naturwissenschaftliche Labor als Ort der »Verdichtung« von Gesellschaft. In: Zeitschrift für Soziologie 2, 85-101.

Knorr Cetina, Karin (1998): Sozialität mit Objekten. Soziale Beziehungen in post-traditionalen Wissensgesellschaften. In: Werner Rammert (Hg.), Technik und Sozialtheorie. Frankfurt a.M.: Campus, 83-120.

Kondratieff, Nikolai D. (1926): Die langen Wellen der Konjunktur. In: Archiv für Sozialwissenschaft und Sozialpolitik 56/3, 573-609.

Kornwachs, Klaus (1991): Glanz und Elend der Technikfolgenabschätzung In: Ders., Reichweite und Potential der Technikfolgenabschätzung. Stuttgart: Poeschel, 1-22.

Kraut, Robert/ Vicki **Lundmark**/Michael **Patterson**/ Sara **Kiesler**/ Tridas **Mukhophyay**/ William **Scherlis** (1998): Internet Paradox: A Social Technology That Reduces Social Involvement and Psychological Well-Being? In: American Psychologist 53, 1017-1031, abrufbar unter: http:/www.apa.org/journals/amp/amp53911017.html.

Kreibich, Rolf (1986): Die Wissenschaftsgesellschaft. Von Galilei zur High-Tech-Revolution. Frankfurt a.M.: Suhrkamp.

Krohn, Wolfgang/Georg **Krücken** (Hg.) (1993): Riskante Technologien: Reflexion und Regulation. Einführung in die sozialwissenschaftliche Risikoforschung. Frankfurt a.M.: Suhrkamp.

Krücken, Georg (1994): Risikosoziologie. Stand und Perspektiven der sozialwissenschaftlichen Risikoforschung. In: Werner Rammert/Gotthard Bechmann (Hg.), Technik und Gesellschaft. Jahrbuch 7: Konstruktion und Evolution von Technik. Frankfurt a.M.: Campus, 207-225.

Kubicek, Herbert (1990): Sachzwang ISDN? In: Heimo T. Blattner/Günter Getzinger/Walter List/Harald Rohracher (Hg), Telematik. Gestaltungsmöglichkeiten und soziale Folgen. München: Profil-Verlag, 89-110.

Kubicek, Herbert/Peter **Seeger** (1994): Technikgenese: Entwicklungspfade und Koordinationsprobleme. In: Mitteilungen des Verbundes sozialwissenschaftlicher Technikforschung. Heft 12, 12-41.

Kuhn, Thomas S. (1976): Die Struktur wissenschaftlicher Revolutionen. Frankfurt a.M.: Suhrkamp.

Lachenmann, Gudrun (1994): Systeme des Nichtwissens. In: Ronald Hitzler u.a. (Hg.), Expertenwissen. Opladen: WDV, 285-305.

Landes, David S. (1983): Revolution in Time: Clocks and the Making of the Modern World. Cambridge, Mass.: Harvard UP.

Latour, Bruno (1986): The Powers of Association. In: John Law (ed.), Power, Action and Belief. The Sociological Review Monograph 32. London/Boston: Routledge, 264-280.

Latour, Bruno (1987): Science in Action. How to Follow Scientists and Engineers Through Society. Cambridge, Mass.: Harvard UP.

Latour, Bruno (1988): The Pasteurization of France. Cambridge, Mass.: Harvard UP.

Latour, Bruno (1991): Technology is Society Made Durable. In: John Law (ed.), A Sociology of Monsters: Essays on Power, Technology and Domination. London, New York: Routledge, 103-131.

Latour, Bruno (1992): Aramis, Ou L'amour des Techniques. Paris: La Découverte.

Latour, Bruno (1995): Wir sind nie modern gewesen. Versuch einer symmetrischen Anthropologie. Berlin: Akademie-Verlag.

Latour, Bruno (1996): On Actor-network Theory. A Few Clarifications Plus More than a Few Complications. In: Soziale Welt 47, 369-381.

Latour, Bruno (1997): Aufstand der Dinge. Interview mit Gustav Roßler. In: taz vom 28.10.97.

Latour, Bruno (1998): Über technische Vermittlung. In: Werner Rammert (Hg.), Technik und Sozialtheorie. Frankfurt a.M.: Campus, 29-82.

Latour, Bruno (1999): Pandora's Hope. Essays on the Reality of Science Studies. Cambridge, Mass.: Harvard UP.

Latour, Bruno (2000): Die Kühe haben das Wort. Interview mit Elisabeth von Thadden/Ulrich Schnabel. In: Die ZEIT Nr. 49, 30.11.2000.

Latour, Bruno (2001): Das Parlament der Dinge. Naturpolitik. Frankfurt a.M.: Suhrkamp.

Latour, Bruno/Steve **Woolgar** (1979): Laboratory Life. The Social Construction of Scientific Facts. Beverly Hills: Sage.

Law, John (1987): Technology and Heterogenous Engineering: The Case of Portuguese Expansion. In: Wiebe Bijker/Thomas Hughes/Trevor Pinch (eds.), The Social Construction of Technological Systems. New Directions in the Sociology and History of Technology. Cambridge, Mass.: MIT Press, 111-134.

Law, John (1991): Introduction: Monsters, Machines and Sociotechnical Relations. In: Ders. (ed.), A Sociology of Monsters: Essays on Power, Technology and Domination. The Sociological Review Monograph 38. London/New York: Routledge, 1-25.

Law, John (1999): After ANT: Complexity, Naming and Topology. In: John Law/John Hassard (eds.), Actor Network Theory and After. Oxford: Blackwell, 1-14.

Law, John/John **Hassard** (eds.) (1999). Actor Network Theory and After. Oxford: Blackwell.

Lee, Richard B. (1968): What Hunters Do for a Living, or How to Make Out on Scarce Resources. In: Richard B. Lee/Irven DeVore (eds.), Man the Hunter. Chicago: Aldine-Atherton, 30-48.

Leigh Star, Susan (1991): Power, Technology and the Phenomenology of Conventions: On Being Allergic to Onions. In: John Law (ed.), A Sociology of Monsters: Essays on Power, Technology and Domination. London/New York: Routledge, 26-56.

Leroi-Gourhan, André (1980): Hand und Wort. Die Evolution von Technik, Sprache und Kunst. Frankfurt a.M.: Suhrkamp.

Lie, Merete (1995): Technology and Masculinity: The Case of The Computer. In: European Journal of Women's Studies 2, 379-394.

Lie, Merete/Knut H. **Sorensen** (1996): Making Technologies our Own? Domesticating Technology into Everyday Life. In: Merete Lie/Knut Sorensen (eds.), Making Technology Our Own? Domesticating Technology into Everyday Life. Oslo: Scandinavian UP, 1-30.

Liebowitz, Stan (1998): Are there Lock-ins to Inferior Technologies? In: Josef Esser/Gerd Fleischmann/Thomas Heimer (Hg.), Soziale Schließung im Prozeß der Technologieentwicklung. Leitbild, Paradigma, Standard. Frankfurt a.M.: Campus, 119-167.

Linde, Hans (1972): Sachdominanz in Sozialstrukturen. Tübingen: Mohr.

Löchel, Elfriede (1997): Inszenierungen einer Technik. Psychodynamik und Geschlechterdifferenz in der Beziehung zum Computer. Frankfurt a.M.: Campus.

Lohan, Maria (2000): Constructive Tensions in Feminist Technology Studies. In: Social Studies of Science 30, 895-916.

Loo, Hans van der /Willem van **Reijen** (1997): Modernisierung. Projekt und Paradox, 2. Aufl. München: DTV.

Luhmann, Niklas (1984): Soziale Systeme. Frankfurt a.M.: Suhrkamp.

Luhmann, Niklas (1986): Ökologische Kommunikation. Opladen: WDV.

Luhmann, Niklas (1989): Kommunikationsweisen und Gesellschaft. In: Werner Rammert/Gotthard Bechmann (Hg.), Technik und Gesellschaft. Jahrbuch 5: Computer, Medien, Gesellschaft. Frankfurt/M.: Campus, 11-18.

Luhmann, Niklas (1990): Die Wissenschaft der Gesellschaft. Frankfurt a.M.: Suhrkamp.

Luhmann, Niklas (1991): Soziologie des Risikos. Berlin/New York: DeGruyter.

Luhmann, Niklas (1994): Das Risiko der Kausalität. In: Zeitschrift für Wissenschaftsforschung 9/10, 107-119.

Luhmann, Niklas (1996): Die Realität der Massenmedien. Opladen: WDV.

Luhmann, Niklas (1997): Die Gesellschaft der Gesellschaft. Frankfurt a.M.: Suhrkamp.

Lullies, Veronika/Heinrich **Bollinger**/Friedrich **Weltz** (1993): Wissenslogistik. Über den betrieblichen Umgang mit Wissen. Frankfurt a.M.: Campus.

Lutz, Burkart (1984): Der kurze Traum der immerwährenden Prosperität – Eine Neuinterpretation der industriell-kapitalistischen Entwicklung im Europa des 20. Jahrhunderts. Frankfurt a.M.: Campus.

Lutz, Burkart (1987): Das Ende des Technikdeterminismus und die Folgen – soziologische Technikforschung vor neuen Aufgaben und Problemen. In: Ders. (Hg.), Technik und sozialer Wandel. Verhandlungen des 23. Deutschen Soziologentages in Hamburg 1986. Frankfurt a.M.: Campus, 34-52.

Lutz, Burkart (1992): Technology Research and Technology Policy: Impacts of a Paradigm Shift. In: Meinolf Dierkes/Ute Hoffmann (eds.), New Technology at the Outset. Frankfurt a.M.: Campus, 14-27.

MacKenzie, Donald (1996): Knowing Machines. Essays on Technical Change. Cambridge, Mass.: MIT Press.

Malsch, Thomas (1987): Die Informatisierung des betrieblichen Erfahrungswissens und der „Imperialismus der instrumentellen Vernunft". Kritische Bemerkungen zur neo-tayloristischen Instrumentalismuskritik und ein Interpretationsvorschlag aus arbeitssoziologischer Sicht. In: Zeitschrift für Soziologie 2, 77-90.

Malsch, Thomas/Ulrich **Mill** (1992): Einführung. In: Thomas Malsch/Ulrich Mill (Hg.), ArBYTE. Modernisierung der Industriesoziologie? Berlin: edition sigma, 9-27.

Marcuse, Herbert (1964): Industrialisierung im Werke Max Webers. In: Kultur und Gesellschaft 2. Frankfurt a.M.: Suhrkamp, 107-130.

Marcuse, Herbert (1967): Der eindimensionale Mensch. Neuwied: Luchterhand.

Martin, Hans-Peter/Harald **Schumann** (1996): Die Globalisierungsfalle. Der Angriff auf Demokratie und Wohlstand. Hamburg: Rowohlt.

Marx, Karl (1953): Grundrisse der Kritik der politischen Ökonomie. Berlin: Dietz.

Marx, Karl (1968): Das Kapital. Erster Band (MEW 23). Berlin: Dietz.

Marx, Karl (1971): Das Elend der Philosophie. In: Siegfried Landshut (Hg.), Karl Marx: Die Frühschriften. Stuttgart: Kröner, 486-524.

Marx, Leo/Merrit Roe **Smith** (1994): Introduction. In: Merrit Roe Smith/Leo Marx (eds.), Does Technology Drive History? The Dilemma of Technological Determinism. Cambridge, Mass.: MIT Press, ix-xv.

Masuda, Yoneji (1981): The Information Society as Post-industrial Society. Bethesda, MD: World Future Society.

Mayntz, Renate (1988): Zur Entwicklung technischer Infrastruktursysteme. In: Renate Mayntz/Bernd Bosewitz/Uwe Schimank/Rudolf Stichweh (Hg.), Differenzierung und Verselbständigung. Zur Entwicklung gesellschaftlicher Teilsysteme. Frankfurt a.M.: Campus, 233-259.

Mayntz, Renate (1993): Große Technische Systeme und ihre gesellschaftstheoretische Bedeutung. In: Kölner Zeitschrift für Soziologie und Sozialpsychologie 45, 97-108.

Mayntz, Renate/Thomas P. **Hughes** (eds.) (1988): The Development of Large Technical Systems. Boulder/Frankfurt a.M.: Westview/Campus.

McLuhan, Marshall (1968): Die magischen Kanäle/Understanding Media. München: Econ.

Mensch, Gerhard (1975): Das technologische Patt. Frankfurt a.M.: Umschau Verlag.

Merton, Robert (1964): Foreword. In: Jacques Ellul, The Technological Society. New York: Alfred Knopf, v-viii.

Mettler-Meibom, Barbara (1993): Informatisierung des privaten Alltags. In: Gert Kaiser u.a. (Hg.), Kultur und Technik im 21. Jahrhundert. Frankfurt a.M.: Campus, 54-61.

Meyer, Rolf (1999): Eine kurze Geschichte der TA-Konzepte. In: TAB Brief Nr. 17, Büro für Technikfolgen-Abschätzung beim Deutschen Bundestag, Dezember 1999, 4-11.

Mies, Maria (1985): Neue Technologien – Wozu brauchen wir das alles? Aufforderung zur Verweigerung. In: Michaela Huber/Barbara Bussfeld (Hg.), Blick nach vorn im Zorn. Die Zukunft der Frauenarbeit. Weinheim: Beltz.

Mies, Maria (1988): Gesellschaftliche Ursprünge der geschlechtlichen Arbeitsteilung. In: Claudia v. Werlhof/Veronika Bennholdt-Thomsen/Maria Mies (Hg.), Frauen – die letzte Kolonie. Zur Hausfrauisierung der Arbeit. Reinbek: Rowohlt, 164-193 (orig. 1983).

Milkman, Ruth (1987): Gender at Work: The Dynamics of Job Segregation by Sex During World War II. Urbana: University of Illinois Press.

Misa, Thomas J. (1994): Retrieving Sociotechnical Change from Technological Determinism. In: Merrit Roe Smith/Leo Marx (eds.), Does Technology Drive History? The Dilemma of Technological Determinism. Cambridge, Mass.: MIT Press, 115-142.

Morahan-Martin, Janet (1998): The Gender Gap in Internet Use: Why Men Use the Internet More than Women – A Literature Review. In: CyberPsychology & Behavior 1, 3-10.

Mosse, Claude (1969): The Ancient World at Work. New York: W.W. Norton.
Müller, Christoph/Bernhard **Nievergelt** (1996): Technikkritik in der Moderne. Empirische Technikereignisse als Herausforderung an die Sozialwissenschaft. Opladen: Leske + Budrich, 222-232.
Müllers, Andrea (1987): Die Gewinnung innovationswirksamer Information mittels Anbieter-Nachfrager-Kommunikation. Frankfurt a.M.: Lang.
Mumford, Lewis (1977): Mythos der Maschine. Kultur, Technik und Macht. Frankfurt a.M.: Fischer.
Mumford, Lewis (1986): Technology and Culture. In: Donald L. Miller (ed.), The Lewis Mumford Reader. New York: Pantheon Books.
Münch, Richard (1991): Dialektik der Kommunikationsgesellschaft. Frankfurt a.M.: Suhrkamp.
Nefiodow, Leo A. (1990): Der fünfte Kondratieff. Strategien zum Strukturwandel in Wirtschaft und Gesellschaft. Frankfurt a.M.: Gabler.
Nefiodow, Leo A. (1996): Der sechste Kondratieff – Wege zur Produktivität und Vollbeschäftigung im Zeitalter der Information. Sankt Augustin: Rhein-Sieg Verlag.
Negroponte, Nicholas (1995): Total digital. Die Welt zwischen 0 und 1 oder die Zukunft der Kommunikation. München: Bertelsmann.
Nelson, Richard R./Sidney G. **Winter** (1977): In Search of Useful Theory of Innovation. In: Research Policy 6, 36-76.
Noble, David (1984): Forces of Production: A social History of Industrial Automation. New York: Knopf.
Nowotny, Helga (1987): Innovation und Verschleiß. Zur gesellschaftlichen Kontrolle von Technik. In: Werner Rammert/Gotthard Bechmann (Hg.), Technik und Gesellschaft. Jahrbuch 4. Frankfurt a.M.: Campus, 13-25.
Oakley, Ann (1978): Soziologie der Hausarbeit. Frankfurt a.M.: Roter Stern.

O'Brien, Jodi (1999): Writing in the Body. Gender (Re)production in Online Interaction. In: Marc A. Smith/Peter Kollock (eds.), Communities in Cyberspace. London/New York: Routledge, 76-104.

Odebrett, Ellen (1993): Die Tüftlerinnen. Zum Mythos der weiblichen Inkompetenz am Computer. In: Zeitschrift für Frauenforschung 11, 73-83.

Ogburn, William Fielding (1969): Kultur und sozialer Wandel. Ausgewählte Schriften. Neuwied/Berlin: Luchterhand.

Ong, Walter J. (1987): Oralität und Literalität. Die Technologisierung des Wortes. Opladen: WDV.

Paetau, Michael (1996): Kommunikationsweisen und sozialer Raum. In: Edelgard Bulmahn u.a. (Hg.), Informationsgesellschaft – Medien – Demokratie. Marburg: BdWi, 168-173.

Paschen, Herbert (1999): Technikfolgenabschätzung in Deutschland – Aufgaben und Herausforderungen. In: Thomas Petermann/Reinhard Coenen (Hg.), Technikfolgenabschätzung in Deutschland – Bilanz und Perspektiven. Frankfurt a.M.: Campus, 77-93.

Penkwitt, Meike (2002): Dimensionen von Gender Studies. Freiburger FrauenStudien, Band 12. Freiburg: Jos Fritz Verlag.

Perez, Carlota (1983): Structural Change and Assimilation of New Technologies in the Economic and Social System. In: Futures 15, 357-375.

Perrin, Noel (1979): Giving Up the Gun: Japan's Reversion to the Sword, 1543-1879. Boston: David R. Godine.

Perrow, Charles (1989): Normale Katastrophen. Die unvermeidlichen Risiken der Großtechnik. Frankfurt a.M.: Campus.

Pinch, Trevor/Wiebe **Bijker** (1987): The Social Construction of Facts and Artifacts: Or How the Sociology of Science and the Sociology of Technology Might Benefit Each Other. In: Wiebe Bijker/Thomas Hughes/Trevor Pinch (eds.): The Social Construction of Technological Systems. New Directions in the Sociology and History of Technology. Cambridge, Mass.: MIT Press, 17-50.

Plant, Sadie (1996): On the Matrix: Cyberfeminist Simulations. In: Rob Shields (ed.), Cultures of the Internet. London: Sage.

Plant, Sadie (1997): Zeros and Ones: Digital Women and the New Technoculture. London: Fourth Estate.

Popitz, Hans (1995): Der Aufbruch zur artifiziellen Gesellschaft. Tübingen: Mohr.

Poppenhusen, Margot (1999): Noch lange nicht selbstverständlich. Frauen in gewerblich-technischen Berufen. In: Martina Ritter (Hg.), Bits und Bytes vom Apfel der Erkenntnis. Frauen – Technik – Männer. Münster: Westfälisches Dampfboot, 217-231.

Pulic, Ante (1993): Elemente der Informationswirtschaft. Jenseits von Smith und Keynes. Wien/Köln/Weimar: Böhlau.

Radkau, Joachim (1983): Aufstieg und Krise der deutschen Atomwirtschaft 1945-1975. Verdrängte Alternativen in der Kerntechnik und der Ursprung der nuklearen Kontroverse. Reinbek: Rowohlt.

Radkau, Joachim (1988): Die Inszenierung des Diskurses über die Gentechnik vor dem Hintergrund der Kernenergie-Kontroverse. In: Geschichte und Gesellschaft 14, 329-363.

Radkau, Joachim (1992): Die Kerntechnik als historisches Individuum und als Paradigma. Zum Modellcharakter der Geschichte großtechnischer und anderer Systeme In: Gotthard Bechmann/Werner Rammert (Hg.), Technik und Gesellschaft. Jahrbuch 6: Großtechnische Systeme und Risiko. Frankfurt a.M.: Campus, 73-112.

Radkau, Joachim (1993): Techniksteuerung und historische Erfahrung. In: Herbert Kubicek/Peter Seeger (Hg.), Perspektive Techniksteuerung. Interdisziplinäre Sichtweisen eines Schlüsselproblems entwickelter Industriegesellschaften. Berlin: edition sigma, 181-191.

Rammert, Werner (1988a): Techniksoziologie. In: Günter Endruweit/Gisela Trommsdorf (Hg.), Wörterbuch der Soziologie. Stuttgart: Enke, 724-735.

Rammert, Werner (1988b): Technisierung im Alltag. Theoriestücke für eine spezielle soziologische Perspektive. In: Bernward Joerges (Hg.), Technik im Alltag. Frankfurt a.M.: Suhrkamp, 165-197.

Rammert, Werner (1989): Technisierung und Medien in Sozialsystemen. Annäherungen an eine soziologische Theorie der Technik. In: Peter Weingart (Hg.), Technik als sozialer Prozeß. Frankfurt a.M.: Suhrkamp, 128-173.

Rammert, Werner (1993): Technik aus soziologischer Perspektive. Opladen: WDV.

Rammert, Werner (1998a): Technikvergessenheit der Soziologie? Eine Erinnerung als Einleitung. In: Werner Rammert (Hg.), Technik und Sozialtheorie. Frankfurt a.M.: Campus, 9-28.

Rammert, Werner (Hg.) (1998b): Technik und Sozialtheorie. Frankfurt a.M.: Campus.

Rammert, Werner (2000): Technik aus soziologischer Perspektive. Band 2. Opladen: WDV.

Rat für Forschung, Technologie und Innovation (1995): Informationsgesellschaft. Chancen, Innovationen und Herausforderungen. Hg. vom BMBF Bonn.

Ravetz, Alison (1965): Modern Technology and Ancient Occupation: Housework in Present-Day Society. In: Technology and Culture 6, 256-260.

Reich, Robert B. (1993): Die neue Weltwirtschaft. Das Ende der nationalen Ökonomie. Frankfurt a.M./Berlin: Ullstein.

Rheingold, Howard (1992): Virtuelle Gemeinschaft. Soziale Beziehungen im Zeitalter des Computers. Bonn: Addison-Wesley.

Rifkin, Jeremy (1995): Das Ende der Arbeit und ihre Zukunft. Frankfurt a.M.: Campus.

Rip, Arie/Thomas J. **Misa**/Johan **Schot** (eds.) (1995): Managing Technology in Society: The Approach of Constructive Technology Assessment. London: Pinter.

Ritzer, George (1996): Modern Sociological Theory, 4th edition. New York: McGraw Hill.

Rogers, Everett M. (1983): Diffusion of Innovations. New York: The Free Press.

Romer, Paul (1993): Ideas and Things. In: The Economist, 11.9.93.

Ronfeldt, David (1992): Cyberocracy is Coming. In: The Information Society 8, 243-296.

Ropohl, Günter (1994): Eine Theorie der Technikverwendung. In: Gotthard Bechmann/Thomas Petermann (Hg.), Interdisziplinäre Technikforschung. Genese, Folgen, Diskurs. Frankfurt a.M.: Campus, 255-284.

Ropohl, Günter (1995): Eine Modelltheorie soziotechnischer Systeme. In: Jost Halfmann/Werner Rammert (Hg.), Technik und Gesellschaft, Jahrbuch 8: Theoriebausteine der Techniksoziologie. Frankfurt a.M.: Campus, 185-210.

Ropohl, Günter (1999): Allgemeine Technologie. Eine Systemtheorie der Technik, 2. Aufl. München: Hanser.

Rosenberg, Nathan (1982): Inside the Black Box: Technology and Economics. Cambridge: Cambridge UP.

Rosenberg, Richard S. (1997): The Social Impact of Computers, 2nd edition. San Diego: Academic Press.

Sahal, Devendra (1985): Technological Guideposts and Innovation Avenues. In: Research Policy 14, 61-82.

Sahlins, Marshall (1968): Notes on the Original Affluent Society. In: Richard B. Lee/Irven DeVore (eds.), Man the Hunter. Chicago: Aldine-Atherton, 85-89.

Saretzki, Thomas (1994): Technokratie, Technokratiekritik und das Verschwinden der Gesellschaft. Zur Diskussion um das andere politische Projekt der Moderne. In: Greven, Th. (Hg.), Politikwissenschaft als kritische Theorie: Festschrift für Kurt Lenk. Baden-Baden: Nomos, 353-386.

Schäfers, Bernhard (1993): Techniksoziologie. In: Hermann Korte/Bernhard Schäfers (Hg.), Einführungskurs Soziologie. Band IV: Einführung in spezielle Soziologien. Opladen: Leske + Budrich.

Schelhowe, Heidi (1996): Das Medium aus der Maschine. Zur Metamorphose des Computers. Frankfurt a.M.: Campus.

Schelsky, Helmut (1965): Der Mensch in der wissenschaftlichen Zivilisation. In: Ders., Auf der Suche nach Wirklichkeit. Düsseldorf: Diederichs.

Schiebinger, Londa (1999): Gender Studies of STS: A Look Toward the Future. In: Science, Technology & Society 4, 95-106.

Schiersmann, Christiane (1990): Das Verhältnis von Frauen zu neuen Technologien – Beobachtungen und Erklärungsansätze. In: Bernd Schorb/Renate Wielpütz (Hg.), Basic für Eva?: Frauen und Computerbildung. Opladen: Leske + Budrich, 21-40.

Schiersmann, Christiane (1992): Geschlechtstypische Unterschiede beim Zugang zum Computer. Problemstellung und Stand der Forschung. In: Bundesminister für Bildung und Wissenschaft (Hg.), Mädchen und Computer. Ergebnisse und Modelle zur Mädchenförderung in Computerkursen. Band 100, 7-21.

Schimank, Uwe (2000): Die unmögliche Trennung von Natur und Gesellschaft – Bruno Latours Diagnose der Selbsttäuschung der Moderne. In: Uwe Schimank/Ute Volkmann (Hg.), Soziologische Gegenwartsdiagnosen I. Opladen: Leske + Budrich (UTB), 157-169.

Schlese, Michael (1995): Technikgeneseforschung als Technikfolgenabschätzung: Nutzen und Grenzen. Forschungszentrum Karlsruhe, Technik und Umwelt. Wissenschaftliche Berichte FZKA 5556 Karlsruhe.

Schmidt, Dorothea (1998): Der Beitrag der Frauenforschung zur Untersuchung der Technikentwicklung. In: Birgit Geissler (Hg.), FrauenArbeitsMarkt: Der Beitrag der Frauenforschung zur sozio-ökonomischen Theorieentwicklung. Berlin: edition sigma, 127-142.

Schmookler, Jacob (1966): Inventions and Economic Growth. Cambridge, Mass.: Harvard UP.

Schorb, Bernd (1990): Frauen und Computer: Eine problematische Beziehung? Modelle der Erklärung und der pädagogischen Praxis. In: Bernd Schorb/Renate Wielpütz (Hg.), Basic für Eva? Frauen und Computerbildung. Opladen: Leske + Budrich, 9-20.

Schroeder, Ralph (1996): Possible Worlds. The Social Dynamic of Virtual Reality Technology. Oxford: Westview Press.

Schulz-Schaeffer, Ingo (2000): Sozialtheorie der Technik. Frankfurt a.M.: Campus.

Schwartz-Cowan, Ruth (1976): The Industrial Revolution in the Home: Household Technology and Social Change in the Twentieth Century. In: Technology and Culture 17, 1-23.

Seetzen, Jürgen/Reinhard **Stransfeld** (1989): Perspektiven der Expertensystemanwendungen und Begründung für eine Technikfolgenabschätzung. VDI/VDE-Technologiezentrum Berlin.

Sharp, Lauriston (1967): Steel Axes for Stone Age Australians. In: Edward H. Spicer (ed.), Human Problems in Technological Change: A Casebook. New York: John Wiley & Sons, 69-90.

Shostak, Marjorie (1981): Nisa: The Life and Words of a !Kung Woman. Cambridge, Mass.: Harvard UP.

Shor, Juliet B. (1992): The Overworked American. The Unexpected Decline of Leisure. New York: Basic Books.

Shotton, Margaret A. (1989): Computer Addiction? A Study of Computerdependency. London: Taylor & Francis.

Silva, Elizabeth B. (2000): The Cook, the Cooker and the Gendering of the Kitchen. In: Sociological Review 48, 612-628.

Silverstone, Roger/Eric **Hirsch** (1992): Consuming Technologies. Media and Information in Domestic Spaces. London/New York: Routledge.

Simmel, Georg (1987): Der Begriff und die Tragödie der Kultur. In: Michael Landmann (Hg.), Das individuelle Gesetz. Philosophische Exkurse. Frankfurt a.M.: Suhrkamp, 116-147.

Simonis, Georg (1998): Der Fluch des genetischen Defekts. Eine Replik auf Andreas Knie. In: Josef Esser/Gerd Fleischmann/Thomas Heimer (Hg.), Soziale Schließung im Prozeß der Technologieentwicklung. Leitbild, Paradigma, Standard. Frankfurt a.M.: Campus, 51-57.

Singleton, Vicky/Mike **Michael** (1993): Actor-Networks and Ambivalence: General Practicioners in the UK Cervical Screening Programme. Social Studies of Science 23, 227-264.

Slevin, James (2000): The Internet and Society. Cambridge: Polity Press.

Sohn, Werner (1994): Zwischen technologischer Aufhebung der Gesellschaft und Politisierung der Technologie. In: Christoph

Görg (Hg.), Gesellschaften im Übergang. Darmstadt: WBG, 239-254.

Spender, Dale (1997): The Position of Women in Information Technology – Or Who Got There First and With What Consequences? In: Current Sociology 45, 135-147.

Spinner, Helmut F. (1994): Die Wissensordnung. Ein Leitkonzept für die dritte Grundordnung des Informationszeitalters. Opladen: Leske + Budrich.

Stehr, Nico (1994): Arbeit, Eigentum und Wissen. Zur Theorie von Wissensgesellschaften. Frankfurt a.M.: Suhrkamp.

Steinmüller, Wilhelm (1990): Riskante Netze. Informations- und Kommunikationstechnik zwischen Technologieabschätzung und Technik-Gestaltung. Wien/München: Oldenbourg.

Stirling, Andrew (1998): Closure Through Disclosure: Mapping Alternatives in Technology Choice. In: Josef Esser/Gerd Fleischmann/Thomas Heimer (Hg.), Soziale Schließung im Prozeß der Technologieentwicklung. Leitbild, Paradigma, Standard. Frankfurt a.M.: Campus, 79-112.

Stone, Allucquere Rosanne (1995): The War of Desire and Technology at the Close of the Mechanical Age. Cambridge, Mass.: MIT Press.

Széplábi, Michael (1981): Sozialwissenschaftliche Technologieforschung. In: Doris Janshen/Otto Keck/Wolf-Dietrich Webler (Hg.), Technischer und sozialer Wandel. Eine Herausforderung an die Sozialwissenschaften. Königstein/Ts.: Hain, 101-119.

Taylor, Frederick Winslow (1977): Die Grundsätze wissenschaftlicher Betriebsführung. Weinheim: R. Oldenbourg (orig 1911: The Principles of Scientific Management).

Thimm, Caja (Hg.) (2000): Soziales im Netz. Sprache, Beziehungen und Kommunikationskulturen im Internet. Opladen: WDV.

Thrall, C.R. (1982): The Conservative Use of Household Technology. In: Technology and Culture 23, 175-194.

Tilly, Chris and Charles (1998): Work under Capitalism. Boulder/Colorado: Westview Press.

Touraine, Alain (1972): Die postindustrielle Gesellschaft. Frankfurt a.M.: Suhrkamp.

Turkle, Sherry (1984): The Second Self. Computers and the Human Spirit. New York: Simon and Schuster.

Turkle, Sherry (1998): Leben im Netz. Identität in Zeiten des Internet. Reinbek: Rowohlt.

Ullrich, Otto (1997): Technikfolgenabschätzung – ein Konzept zur politischen Gestaltung von Technik? Versuch einer Kritik. In: Raban Graf von Westphalen (Hg.), Technikfolgenabschätzung als politische Aufgabe. München/Wien: Oldenbourg, 90-97.

Verbund sozialwissenschaftlicher Technikforschung (1995): Die Organisation technischer Innovationen. Zur thematischen Fokussierung des Verbundes sozialwissenschaftlicher Technikforschung. In: Mitteilungen des Verbundes sozialwissenschaftlicher Technikforschung. Heft 14, 50-58.

Volti, Rudi (1995): Society and Technological Change, 3rd edition. New York: St. Martin's Press.

Wagner, Gerald (1998): Die programmierte Medizin. Eine Studie zur sozialen Konstruktion des Computers in der Intensivmedizin. Opladen: WDV.

Wagner, Ina (1986): Das Erfolgsmodell der Naturwissenschaften. Ambivalenzerfahrungen von Frauen. In: Karin Hausen/Helga Nowotny (Hg.), Wie männlich ist die Wissenschaft? Frankfurt a.M.: Suhrkamp, 237-252.

Wajcman, Judy (1994): Technik und Geschlecht. Die feministische Technikdebatte. Frankfurt a.M./New York: Campus.

Wajcman, Judy (2000): Reflections on Gender and Technology Studies: In What State Is the Art? In: Social Studies of Science 30, 447-464.

Walter, Christel (1999): Frauen sind anders (als gedacht). Ergebnisse einer Untersuchung subjektiver Technikkonzepte: Martina Ritter (Hg.), Bits und Bytes vom Apfel der Erkenntnis. Frauen – Technik – Männer. Münster: Westfälisches Dampfboot, 137-154.

Weber, Jutta (1997): Sprechen, wovon sich nicht sprechen läßt? Zum Naturbegriff in der aktuellen feministischen Debatte. In: Feministische Studien 15, 109-120.

Weber, Jutta (1998): Feminismus & Konstruktivismus. Zur Netzwerktheorie bei Donna Haraway. In: Das Argument 40, Nr. 227, 699-712.

Weber, Max (1972): Wirtschaft und Gesellschaft. Tübingen: Mohr.

Weber, Max (1988): Die protestantische Ethik und der Geist des Kapitalismus. In: Ders. Religionssoziologische Schriften I. Tübingen: Mohr (UTB), 17-206.

Webster, F. (1995): Theories of the Information Society. London: Routledge.

Webster, Juliet (1995): Shaping Women's Work. Harlow, Essex: Longman.

Weingart, Peter (1988): Differenzierung der Technik oder Entdifferenzierung der Kultur. In: Bernward Joerges (Hg.), Technik im Alltag. Frankfurt a.M.: Suhrkamp, 145-164.

Weingart, Peter (Hg.) (1989a): Technik als sozialer Prozeß. Frankfurt a.M.: Suhrkamp.

Weingart, Peter (1989b): „Großtechnische Systeme“ – ein Paradigma der Verknüpfung von Technikentwicklung und sozialem Wandel? In: Ders. (Hg.), Technik als sozialer Prozeß. Frankfurt a.M.: Suhrkamp, 174-196.

Weingart, Peter (2001): Die Stunde der Wahrheit? Zum Verhältnis der Wissenschaft zu Politik, Wirtschaft und Medien in der Wissensgesellschaft. Velbrück: Weilerswist.

Weiser, Eric B. (2000): Gender Differences in Internet Use Patterns and Internet Application Preferences: A Two-Sample Comparison. In: CyberPsychology & Behavior 3, 167-177.

Weizenbaum, Joseph (1976): Die Macht der Computer und die Ohnmacht der Vernunft. Frankfurt a.M.: Suhrkamp.

Wersig, Gernot (1993): Fokus Mensch. Bezugspunkte postmoderner Wissenschaft: Wissen, Kommunikation, Kultur. Frankfurt a.M.: Peter Lang.

Weyer, Johannes (1997): Vernetzte Innovationen – innovative Netzwerke. Airbus, Personal Computer, Transrapid. In: Werner Rammert/Gotthard Bechmann (Hg.), Technik und Gesellschaft,

Jahrbuch 9: Innovation – Prozesse, Produkte, Politik. Frankfurt a.M.: Campus, 125-153.

Weyer, Johannes/Johannes **Schmidt**/Ulrich **Kirchner** (1995): Technikgenese in partizipativen Prozessen – Perspektiven einer neuen Forschungs- und Technologiepolitik. In: Heinz Sahner/Stefan Schwendtner (Hg.), Gesellschaften im Umbruch. Sektionen und Arbeitsgruppen. 27. Kongress der Deutschen Gesellschaft für Soziologie. Opladen: WDV, 629-633.

White, Lynn (1962): Medieval Technology and Social Change. London/Oxford: Oxford UP.

Willke, Gerhard (1999): Die Zukunft unserer Arbeit. Frankfurt a.M.: Campus.

Willke, Helmut (1998): Organisierte Wissensarbeit. In: Zeitschrift für Soziologie 27, 161-177.

Willke, Helmut (2001): Wissensgesellschaft. In: Georg Kneer/Armin Nassehi/Markus Schroer (Hg.), Klassische Gesellschaftsbegriffe der Soziologie. München: Fink (UTB), 379-398.

Winner, Langdon (1977): Autonomous Technology: Technics-Out-of-Control as a Theme in Political Thought. Cambridge, Mass.: MIT Press.

Winner, Langdon (1986): The Whale and the Reactor. A Search for Limits in the Age of High Technology. Chicago/London: UCP. Darin: „Do Artifacts Have Politics?“, 19-39 (orig. 1980).

Woolgar, Steve (1985): Why Not a Sociology of Machines? The Case of Sociology and Artificial Intelligence. In: Sociology 19, 557-572.

Woolgar, Steve/Geoff **Cooper** (1999): Do Artifacts Have Ambivalence? – Moses' Bridges. Winner's Bridges and Other Urban Legends in STS. In: Social Studies of Science 29, 433-449.

Zapf, Wolfgang (1969): Einleitung. In: Wolfgang Zapf (Hg.), Theorien des sozialen Wandels. Köln/Berlin: Kiepenheuer & Witsch, 11-32.

Zapf, Wolfgang (1991): Modernisierung und Modernisierungstheorien. In: Ders. (Hg.), Die Modernisierung moderner Gesellschaften: Verhandlungen des 25. Deutschen Soziologentages in Frankfurt am Main 1990. Frankfurt a.M.: Campus, 23-39.

Zeilhofer, Markus (1995): Technikfolgenpolitik. Zur Gestaltbarkeit des technischen Wandels. Opladen: WDV.

Zima, Peter V. (1997): Moderne/Postmoderne. Tübingen/Basel: Francke (UTB).

Zimmer, Dieter E. (2000): Die Bibliothek der Zukunft. Text und Schrift in den Zeiten des Internet. Hamburg: Hoffmann und Campe.

Zweck, Axel (1993): Die Entwicklung der Technikfolgenabschätzung zum gesellschaftlichen Vermittlungsinstrument. Opladen: WDV.

Personen- und Sachregister

J

K

S

T

U

V